U0201608

常见园林花卉
识别手册

胡长龙　胡桂林　胡桂红　编著

化学工业出版社
·北京·

《常见园林花卉识别手册》主要介绍了园林中常用的木本花卉植物、草本花卉植物、藤本花卉植物、水生花卉植物等。分科描述了常用园林花卉328种，包括每种花卉植物的中文名、拉丁学名、别名、科属、形态特征和园林应用，并拓展到100多个科、200多个属、600多个近似种或品种。

　　《常见园林花卉识别手册》适合各大、中专院校园林、风景园林、花卉、园艺、观赏园艺、景观设计、环境艺术等专业师生教学或实习使用，也可作为相关从业人员及广大爱好者手边用书。

图书在版编目（CIP）数据

常见园林花卉识别手册/胡长龙，胡桂林，胡桂红编著．—北京：化学工业出版社，2017.11
　ISBN 978-7-122-30693-7

　Ⅰ．①常…　Ⅱ．①胡…②胡…③胡…　Ⅲ．①花卉-识别-手册　Ⅳ．①S68-62

中国版本图书馆CIP数据核字（2017）第238608号

责任编辑：尤彩霞　　　　　　　　　　文字编辑：汲永臻
责任校对：王素芹　　　　　　　　　　装帧设计：张　辉

出版发行　化学工业出版社
　　　　　（北京市东城区青年湖南街13号　邮政编码100011）
印　　装　北京方嘉彩色印刷有限责任公司
850mm×1168mm　1/32　印张11¹/₄　字数346千字
2018年3月北京第1版第1次印刷

购书咨询：010-64518888（传真：010-64519686）
售后服务：010-64518899
网　　址：http://www.cip.com.cn
凡购买本书，如有缺损质量问题，本社销售中心负责调换。

定　　价：59.00元

　　我国是世界上拥有花卉种类最为丰富的国家之一。在悠久的历史长河中，我国劳动人民应用花卉植物驯化、培育了很多优良花卉品种，不断地利用花卉植物维护人们的生活环境和身体健康，注入了中国文化和人们的思想情感。花卉植物景观形成了城市绿色景观网络，改善了城市小气候，净化了人们的生活环境，展示了城市的美丽，创造了很多美丽的花园城市。花卉不仅能装点我们的生活，很多花卉植物还是名贵的中草药，所以花卉与人们生活的关系非常密切。

　　在建设美丽中国、美丽城市、美丽家乡的大好形势下，低碳、环保的花卉已经成为人类社会时尚、文明的象征。我们的城市、单位、家庭更是需要绿色的花卉与我们相伴。人们热爱大自然，更喜欢园林花卉植物，各大、中专院校及职业学校的园林花卉专业不断扩大招生，各大园林绿化公司也在大力培养自己高素质的园林职工，因此普及常用的园林花卉知识，成为广泛需要，这也是《常见园林花卉识别手册》编写的主要意图。

　　《常见园林花卉识别手册》介绍了当今园林中常用的木本花卉植物、草本花卉植物、藤本花卉植物、水生花卉植物等。分别详细描述了常用园林花卉328种，包括每种花卉植物的中文名、拉丁学名、别名、科属、形态特征和园林应用，并拓展到100多个科、200多个属、600多个近似种或品种。书中花卉植物种类的选择，是以当今园林绿化中常用的种类为原则；每种植物的描写强调自然形态特色；文字和彩色照片的选用，都是以天然生长的花卉植物形态特征为描写的对象；突出园林花卉植物生长环境中的自然美，确立花卉植物整体美景，在此基础上强调花卉本身的叶、花、果的特点。《常见园林花卉识别手册》中的木本花卉植物，又分为常绿木本花卉和落叶木本花卉两部分；草本花卉植物，又分为一二年生草本花卉和多年生草本花卉。如果涉及多年生草本花卉常以一二年栽培应用时，该花卉植物种就被放入一二年生草本花卉章节中描写。

　　《常见园林花卉识别手册》是作者多年来教学和实践的体会和总结，《常见园林花卉识别手册》章节的排列顺序强调园林花卉的识别和在园林中的应用；看图即可识别花卉，精炼的文字又点出该种花卉最突出的特点，是《常见园林花卉识别手册》的一大特色。

　　本书在精选的每科的花卉植物都有一个或多个属与种作为案例介绍，以便读者提高对科、属的了解，加深识别记忆，借以达到方便使用、举一反三的目的，这也是《常见园林花卉识别手册》的第二个特色。

　　每种花卉植物的文字描写只有5方面：整体、叶、花、果、园林应用，具体数据由于各地气候、土壤、肥力不同而不同，只作参考。文字描述突出花卉自然特色，每种花卉强调2～3条主要特点，给读者留下深刻的印象，以便达到快速识别、方便记忆的效果，这是《常见园林花卉识别手册》的第三个特点。

　　《常见园林花卉识别手册》适合各大、中专院校园林花卉专业师生教学使用，可作为花卉、园艺、园林、风景园林、景观设计、环境艺术设计、观赏园艺、建筑、旅游、艺术等从业人员及广大园艺爱好者手边用书，更是相关专业教学实习用书。

　　《常见园林花卉识别手册》在写作中吸取了多方专家和实践工作者的经验，还得到南京林业大学芦建国教授认真细致的审阅，使得《常见园林花卉识别手册》水平有了进一步的提高，参加部分工作的还有景蕾、夏雯、侯继萍、张仁倩等，在此一并表示衷心感谢。书中若有不足之处，敬请专家批评指正。

胡长龙

2017年8月

目 录

第一章　常绿木本花卉

一、山茶科

1. 山茶

【学名】*Camellia japonica*

【别名】茶花，耐冬花，曼陀罗树，晚山茶，山椿，寿星茶

【科属】山茶科，山茶属

【形态特征】常绿灌木或小乔木，树冠椭圆形，枝条黄褐色，嫩枝无毛。单叶互生，革质，椭圆形先端急尖，边缘有细锯齿，表面有光泽。花单生枝顶，两性，无柄，苞片及萼片外面有绢毛；花瓣基部连生，有白色、红色、紫色；雄蕊外轮花丝基部连生，无毛，内轮雄蕊离生，稍短，花柱先端3裂。蒴果木质，圆球形。

栽培品种很多，有单瓣类、重瓣类、半重瓣类等。

【园林应用】喜阳光、温暖、湿润；忌碱性土、黏性土，不太耐寒、过热，怕风。1～4月份开花，花大色艳丽，花期长，常作庭园主景树，也适宜各类公园、环境绿化美化，盆栽布置室内、阳台观赏。

2. 茶梅

【学名】*Camellia sasanqua*

【别名】茶梅花

【科属】山茶科，山茶属

【形态特征】常绿灌木，树皮灰白色，枝条展开，树冠球形，嫩枝和芽鳞被毛。单叶互生，革质，椭圆状卵形，边缘有细锯齿，叶面亮丽，中脉有毛。花小，单瓣，白色或粉红色等，芳香，具有茶花和梅花的特点。蒴果球形，稍被毛。品种较多。

【园林应用】江南各省都有分布。秋冬季开花，花期长，花色多样，花量多，适合环境美化、盆栽观赏。

3. 滇山茶 　【学名】*Camellia reticulata*

【科属】山茶科，山茶属

【形态特征】常绿小乔木，高达15m，枝叶无毛。单叶互生，阔椭圆形，表面无光泽，边缘有细锯齿，网脉明显，下面深褐色。花顶生，无柄，苞片及萼片10～11片；花瓣红色，倒卵圆形，背有黄绢毛；外轮雄蕊花丝在基部连接成花丝管。蒴果扁球形。

【园林应用】喜酸性透气性好的土壤，喜湿润、稍耐旱、怕积水。冬春开花，花大繁茂、花姿多样，适宜公园、庭院及风景区绿化美化。

4. 金花茶

【学名】*Camellia petelotii*
【别名】黄色山茶

【科属】山茶科，山茶属

【形态特征】常绿灌木或小乔木，高4m，嫩枝无毛，是国家一级保护植物之一。单叶互生，革质，无毛，长椭圆形，边缘有细锯齿，上面深绿亮丽，下面浅绿色，有黑腺点，叶脉陷下。花单生，金黄色，花柄长，苞片5，萼片5；花瓣近圆形，边缘有睫毛；雄蕊4轮，外轮与花瓣略相连生，花柱3～4。蒴果三角状球形，顶部凹。

【园林应用】喜温暖湿润气候、排水良好的酸性土，喜肥，耐瘠薄，耐涝。秋冬季开花，娇艳多姿，秀丽雅致，晶莹油润，适宜盆栽、美化园林环境。

二、木犀科

5. 桂花
【学名】*Osmanthus fragrans*
【别名】木犀，岩桂，九里香

【科属】木犀科，木犀属。

【形态特征】常绿小乔木或灌木，高10m，树冠圆球形，顶芽迭生。叶对生，光滑，革质，椭圆状披针形，先端有锯齿。小花簇生叶腋，花萼4齿，花冠4裂，淡黄色，浓香。核果椭圆形。品种较多：金桂，花黄色；银桂，花白花；丹桂，花橙色；四季桂，花白色；迷你桂花等。

【园林应用】喜温暖湿润、通风良好环境，耐半阴、耐寒，怕积水和盐碱土壤。花期9～10月份，四季常绿，树姿挺秀，适宜丛植或成片植景园树。

6. 女贞

【学名】*Ligustrum lucidum*

【别名】大叶女贞，冬青

【科属】木犀科，女贞属

【形态特征】常绿小乔木、高5～15m。叶对生，椭圆形，革质、全缘、光滑无毛。圆锥花序，顶生、花冠裂片4，花白色，芳香。核果，矩圆形，紫蓝色。同属还有：小叶女贞、日本女贞等。

【园林应用】喜光，喜温暖湿润气候，较耐寒，稍耐阴。6～7月份开花，终年常绿，枝繁叶茂，具有抗污染、隔音的功能，适宜各种环境绿化。

7. 茉莉花

【学名】*Jasminum sambac*

【别名】茉莉，香魂，莫利花，没丽，没利，抹厉，末莉，末利，木梨花

【科属】木犀科，素馨属

【形态特征】直立或攀援灌木，高达3m，小枝疏被柔毛。单叶对生，椭圆形，纸质，叶柄被短柔毛，具关节。聚伞花序，顶生，通常有花3～5朵，花序梗有柔毛；苞片微锥形；花萼裂片线形；花冠裂片长圆形，白色，极芳香。浆果球形，紫黑色。

【园林应用】喜温暖湿润、通风良好半阴的环境，畏寒、畏旱，不耐霜冻。5～8月份开花，适宜园林绿化，配置花境、花箱，盆栽点缀室内。

8. 云南黄馨

【学名】*Jasminum mesnyi*

【别名】野迎春、金腰带

【科属】木犀科，素馨属

【形态特征】常绿亚灌木，小枝四棱形，开展下垂，光滑无毛。叶对生，近革质，三出复叶，叶柄具沟，小叶长卵形，叶缘反卷，中脉在下面凸起。花萼钟状；花冠漏斗状，裂片6，瓣宽倒卵形，黄色。浆果双生或其中一个不育而成单生，熟时蓝黑色，果椭圆形。

【园林应用】喜温暖湿润和充足阳光，稍耐阴，较耐旱，怕严寒和积水。花期3～5月份，碧叶黄花，适用于花境、盆栽观赏。

三、杜鹃花科

9. 锦绣杜鹃
【学名】*Rhododendron pulchrum*
【别名】毛杜鹃

【科属】杜鹃花科，杜鹃属

【形态特征】半常绿灌木，高1m，枝开展，全株有糙毛。叶薄革质，椭圆状披针形，边缘反卷，全缘，上面深绿色，下面淡绿色。伞形花序顶生，花冠阔漏斗形，裂片5，紫色，具深红色斑点，花梗有腺体和白粉；花萼绿色，5裂。雄蕊10，花柱弯曲。蒴果卵球形。变种有：洋红锦绣杜鹃、玫瑰紫锦绣杜鹃、绯紫锦绣杜鹃等。

【园林应用】喜凉爽湿润和阳光充足的环境，耐寒，耐半阴，怕热和长时间暴晒，以酸性沙质壤土为宜。4～5月份开花，适宜绿化美化各类园林、居住环境，盆栽欣赏。

10. 马银花 【学名】*Rhododendron ovatum*

【科属】杜鹃花科，杜鹃属

【形态特征】常绿灌木或小乔木，高4m，幼枝灰褐色，无毛。叶厚革质，椭圆状卵形，全缘，先端极尖，叶柄有绒毛。花单生枝顶或叶腋，花冠盘状5深裂，深红色，淡紫色，有深紫色斑点，或粉红色斑点，花梗有腺体和白粉，雄蕊5枚。蒴果卵球形。

【园林应用】喜凉爽湿润的气候环境，耐寒。4～5月份开花，花朵美丽，颜色鲜艳，适宜在林缘、溪边、池畔成丛成片栽植和制作花篱。

11. 钝叶杜鹃

【学名】*Rhododendron obtusum*
【别名】石岩杜鹃

【科属】杜鹃花科，杜鹃属

【形态特征】常绿矮灌木，高1m，小枝纤细，分枝繁多，全株密被锈色糙毛。叶膜质，常簇生枝端，椭圆形，边缘被纤毛，上面鲜绿色，下面苍白绿色。伞形花序，2～3朵生于枝顶；花萼裂片5；花冠漏斗状，红色、粉红色，顶端钝，有1裂片，具深色斑点；雄蕊5，花药与花冠等长。蒴果圆锥形，被糙毛。

【园林应用】喜酸性土壤，不耐暴晒。春季开花，枝繁叶茂，绮丽多姿，萌发力强，春季开花，适宜公园、风景区疏林下散植，也是盆景、花篱的良好材料。

12. 云锦杜鹃

【学名】*Rhododendron fortunei*
【别名】天目杜鹃

【科属】杜鹃花科，杜鹃属

【形态特征】常绿灌木或小乔木，高5m，主干弯曲，幼枝粗壮黄绿色，老枝灰褐色。叶大、厚革质，簇生枝顶，长椭圆形，上面深绿色，有光泽，无毛，背面淡绿色。顶生总状伞形花序，花6～12朵，花冠漏斗状，粉红色，有香味，稀疏腺体，裂片7，阔卵形，雄蕊14。蒴果椭圆形。

【园林应用】喜凉爽湿润的气候，耐寒。4～5月份开花，株形美观，叶色浓绿，花朵繁茂适宜绿化美化、花境配植，制作盆栽点缀室内。

13. 西洋杜鹃

【学名】*Rhododendron hybrida*
【别名】比利时杜鹃，杂种杜鹃

【科属】杜鹃花科，杜鹃属

【形态特征】常绿矮小灌木，分枝多，枝叶表面疏生柔毛。叶互生，叶片卵圆形，全缘，深绿色。总状花序，花顶生，花冠阔漏斗状，花有半重瓣和重瓣。蒴果卵球形。品种繁多，花色多变。

【园林应用】喜温暖、湿润、空气凉爽、通风和半阴的环境、酸性沙质壤土；忌阳光直射。冬季到春季开花，适宜盆栽，点缀室内外。

15

14. 欧石楠

【学名】*Erica carnea*

【别名】艾莉卡

【科属】杜鹃花科，欧石楠属

【形态特征】常绿灌木，高20～150cm，多分枝，幼枝细。小叶轮生，细针形，绿色，叶缘反卷。小花钟形，粉红色、白色等。蒴果。种类很多。

【园林应用】喜光线充足，耐寒，喜酸性、疏松、富含腐殖质的土壤。春季开花，清香怡人，适宜花坛、花境和盆栽观赏。

四、木兰科

15. 广玉兰

【学名】*Magnolia grandiflora*

【别名】荷花玉兰，洋玉兰

【科属】木兰科，木兰属

【形态特征】常绿大乔木，树冠椭圆形，幼枝和牙有褐色毛。叶革质，互生，倒卵形，全缘，叶正面光滑深绿色，叶背面有褐色毛。花单生枝顶，花瓣大，花茎约20cm，花瓣6，白色，具芳香。聚合果褐色，种子红色。

【园林应用】喜湿润土壤，稍耐寒，不耐积水。4～6月份开花，树姿雄伟壮丽，叶大光亮，四季常青，适于园林孤植、丛植、对植或作行道树等。

16. 山玉兰

【学名】*Lirianthe delavayi*

【别名】优昙花、山波萝、土厚朴、野厚朴、野玉兰

【科属】木兰科，木兰属

【形态特征】常绿乔木，树皮灰色粗糙，嫩枝有褐色柔毛，老枝有皮孔。叶厚革质，卵圆形，先端圆钝，边缘波状，叶背有绒毛及白粉。花直立，芳香，直径15cm，花被片9，外轮3片淡绿色，向外反卷，内两轮乳白色，倒卵状匙形。

【园林应用】阳性，稍耐阴，喜温暖湿润气候。树冠婆娑，4～6月份大花盛开，衬以光绿大叶，用以孤植，植于草坪或庭院、建筑入口处、大道两旁等非常适宜。

17. 含笑

【学名】*Michelia figo*

【别名】香蕉花，含笑花，含笑梅，山节子

【科属】木兰科，含笑属

【形态特征】常绿灌木，分枝多，植体密被褐色绒毛。单叶互生，厚革质，椭圆形，嫩绿色，全缘。花单生叶腋，花形小，花被片6，香气浓郁，乳白色，边缘有红晕。聚合蓇葖果卵圆形。

【园林应用】喜温暖、湿润半阴环境，喜微酸性土壤，怕酷热。花期4～6月份，叶色深绿，花香扑鼻，既可孤植于庭园、盆栽，亦可制作花环、胸花等。

18. 深山含笑

【学名】*Michelia maudiae*

【别名】光叶白兰花，莫夫人含笑花

【科属】木兰科，含笑属

【形态特征】常绿乔木，树皮褐色不裂，植株无毛，被白粉。叶互生，革质，长椭圆形，上面深绿色，有光泽，下面淡绿色。花梗具3环，苞片褐色；花芳香，花被9片，白色，基部淡红色，外轮倒卵形，内两轮则渐狭小，顶端尖；雄蕊、花丝淡紫色。聚合果圆形，种子红色。

【园林应用】喜光、温暖湿润环境，耐寒，幼时较耐阴，耐干热。早春白花满树，花大清香，种子红色，树型美观，适宜各种园林造景。

19. 白兰花

【学名】*Michelia alba*

【别名】白缅花，白兰，缅桂花

【科属】木兰科，含笑属

【形态特征】常绿乔木，伞形树冠，枝广展，有柔毛。叶大，薄革质，叶缘平展，披针状椭圆形，托叶痕明显。花白色，花被片10片，披针形，极香，雄蕊的花药伸出长尖头；雌蕊群被微柔毛。蓇葖果熟时鲜红色。

【园林应用】不耐寒，夏季盛开白花，株形直立落落大方，可露地庭院栽培或盆栽陈设于室内。

五、蔷薇科

20. 石楠

【学名】*Photinia serrulata*
【别名】正木，千年红，枫药

【科属】蔷薇科，石楠属

【形态特征】常绿小乔木或灌木，树干及枝条上有刺。单叶互生，革质光滑，卵状披针形，叶先端渐尖而有尾，叶缘有细尖锯齿。复伞房花序顶生，萼筒杯状，萼片三角形；花瓣白色，近圆形。梨果实球形，红色。同属有：红叶石楠，幼枝、叶红色。

【园林应用】喜光，喜温暖，稍耐阴，较耐寒，耐干旱瘠薄，不耐水湿，花期5月份，树冠圆球形，枝叶浓密，早春嫩叶鲜红，秋冬又有红果满树，是环境绿化美化的好树种。

21. 红叶石楠 【学名】 *Photinia fraseri*

【科属】蔷薇科，石楠属

【形态特征】常绿小乔木或灌木。石楠杂种。叶革质，卵状披针形，叶端渐尖而有短尖头，叶缘有细锯齿，幼叶红色。花生枝顶，复伞房花序。梨果，黄红色。

【园林应用】喜光，喜温暖，较耐寒，耐干旱瘠薄，不耐水湿。5月份开花，枝叶浓密，早春嫩叶鲜红美丽，秋冬又有红果，适宜布置花境、花篱、花墙。

22. 火棘

【学名】*Pyracantha fortuneana*

【别名】救兵粮，火把果

【科属】蔷薇科，火棘属

【形态特征】常绿灌木，树冠椭圆形，小侧枝形成短刺，嫩枝有褐色毛。叶倒卵形，先端钝圆或微凹下，边缘有顿锯齿。伞房花序，花瓣5，圆形，白色。果球形，红色。同属种有：窄叶火棘、全缘火棘、细圆齿火棘等。

【园林应用】喜温暖气候，也耐阴，略耐寒。4～5月份开花，秋冬红果满树，适宜孤植花台，也是丛植于草坪、作绿篱的好材料。

六、茜草科

23. 龙船花

【学名】*Ixora chinensis*

【别名】卖子木，山丹，英丹

【科属】茜草科，龙船花属

【形态特征】常绿灌木，小枝初时深褐色，有光泽。叶对生，4枚轮生，长圆状倒披针形，中脉在下面凸起，横脉明显，有托叶。花序顶生，小多花，花冠筒顶部4裂，红色，花丝极短，花药长圆形，花柱短伸出冠管外，柱头2。浆果近球形，成熟时红黑色。

【园林应用】喜湿润炎热的气候，酸性土壤，不耐寒。5～7月份开花，植株低矮，花叶秀美，花色丰富，终年有花可赏。适合庭院、宾馆、风景区布置和盆栽观赏。

24. 六月雪

【学名】*Serissa japonica*

【别名】满天星，白马骨，碎叶冬青

【科属】茜草科，六月雪属

【形态特征】半常绿小灌木，嫩枝有毛。叶对生或簇生，革质，倒披针形，边全缘，叶柄短有毛。花单生或数朵丛生，花冠白色、红色、黄色、淡紫色等，顶端3裂；雄蕊生在花冠管喉部外；花柱长突出，柱头2。果球形，红色。近似种：白马骨，花小，白色有红晕。栽培品种：金边白马骨，叶缘金黄色；阴木，白色花有紫晕。

【园林应用】喜温暖气候、稍耐寒、耐旱，畏强光。夏季开花，枝叶密集，白花盛开，宛如雪花满树，其叶细小，根系发达，尤其适宜制作微型盆景。

25. 栀子花

【学名】*Gardenia jasminoides*

【别名】黄栀子，山栀，越桃，白蟾花

【科属】茜草科，栀子属

【形态特征】常绿灌木，枝丛生，树冠球形。叶对生或三枚轮生，卵形，革质，表面亮丽。花白色，单生，具浓香。浆果卵形，橙黄色。品种有：大花栀子，花形较大，香味极浓；小花栀子，花形较小，叶小；卵叶栀子花，叶具斑纹。同属的还有雀舌花，茎匍匐，叶倒披针形，花重瓣。

【园林应用】喜温暖湿润、通风良好的环境，喜光亦耐阴，耐寒性差。6～8月份开花，果10月份成熟。叶亮色绿，花色洁白，芳香扑鼻，适于庭园池畔、阶前、路旁栽植，也是点缀花坛的好材料，可作盆栽、切花、花篮等。

26. 红花檵木

【学名】*Loropetalum chinense*
【别名】红桎木，红檵花

【科属】金缕梅科，檵木属

【形态特征】常绿灌木或小乔木，嫩枝被暗红色星状毛。叶互生，革质，卵形，全缘，嫩枝淡红色，越冬老叶暗红色，两面均有星状毛花。头状花序顶生，总状花梗，小花簇生，花瓣4枚，淡紫红色，带状线形。蒴果，木质。

【园林应用】喜光，稍耐阴，耐旱，喜温暖，耐寒冷。花期4～5月份，是花、叶俱美的观赏树木，适宜布置园林路旁，点缀花坛中心，也是制作盆景的好材料。

27. 蚊母树

【学名】*Distylium racemosum*
【别名】蚊子树，米心树，中华蚊母

【**科属**】金缕梅科，蚊母属

【**形态特征**】常绿小乔木，常为灌木状，小枝折曲，芽卵形有柔毛，有鳞片2。单叶互生，叶革质，倒卵形，先端尖基部窄，全缘，常有虫瘿。总状花序，腋生，无花被，有星状柔毛，花药红色。变种有彩叶蚊母。蒴果卵形有毛。

【**园林应用**】喜温暖、湿润和阳光充足的气候，也耐阴。3～4月份开花，枝叶茂密，花小色红。适宜植于路旁、庭院和室内盆栽，也可作绿篱。

八、冬青科

28. 冬青

【学名】*Ilex chinensis*
【别名】冻青

【科属】冬青科，冬青属

【形态特征】常绿乔木，树皮灰色或淡灰色，小枝有棱，雌雄异株。叶薄革质，披针形，边缘有圆锯齿，有光泽。花单性，聚伞花序，单生叶腋，花瓣向外反卷，小花白色、粉红色或红色，芳香。果实椭圆形，成熟时深红色。

【园林应用】喜温暖气候，有一定耐寒力，较耐阴湿。花期4～6月份，果期10～12月份，用于公园、庭园、绿墙、隔离带等。

29. 枸骨

【学名】*Ilex cornuta*

【别名】鸟不宿，老虎刺，猫儿刺

【科属】冬青科，冬青属

【形态特征】常绿灌木或小乔木，球形树冠，树皮灰白色，平滑，雌雄异株。叶革质，边缘有硬长锯齿刺，顶端刺向下，表面深绿色，有光泽，背面淡绿色，冬季有颜色变化。聚伞花序，小花簇生，黄绿色，雌雄异株。核果球形，成熟果鲜红色。

【园林应用】喜阳光充足、温暖的气候环境，耐阴。4～5月份开花，果期10～11月份，枝叶茂盛，富有光泽，秋后红果累累，艳丽可爱，作花园、庭园的花坛、草坪主景树，更适宜制作绿篱，分隔空间，制作盆景。

九、茄科

30. 鸳鸯茉莉

【学名】*Brunfelsia acuminata*
【别名】二色茉莉，双色茉莉

【科属】茄科，鸳鸯茉莉属

【形态特征】常绿灌木，冠丛浑圆，幼枝上有长刺，茎皮灰白色。单叶互生，质薄无光泽，椭圆状矩形，先端渐尖，全缘，叶面草绿色。聚伞花序，花瓣先开时蓝紫色，后变为淡蓝色至白色，喉部白色。浆果球形。

【园林应用】喜高温、阳光充足的环境，但不耐寒、不耐涝，不耐强光。冬季开花，权树姿优美，花色奇特，适合于盆栽观赏，美化室内外环境。

31. 枸杞

【学名】*Lycium chinense*

【别名】苟起子，狗奶子，枸蹄子，地骨子，枸茄茄，血枸子

【科属】茄科，枸杞属

【形态特征】常绿灌木，多分枝，小枝顶端锐尖成棘刺状。单叶互生，卵状披针形。

花腋生，花梗向顶端渐增粗，花冠漏斗状，淡紫色，5深裂，边缘有缘毛。浆果卵状红色。

【园林应用】喜光照充足、凉爽气候的花境，耐寒，耐旱，不耐积水。花果期6～11月份，树形婀娜，叶翠绿，花淡紫，果实鲜红，是很好的绿篱、盆景观赏植物。

32. 珊瑚樱

【学名】*Solanum pseudocapsicum*

【别名】冬珊瑚，四季果，看樱桃，吉庆果，野辣茄，野海椒

【科属】茄科，茄属

【形态特征】常绿小灌木，冠幅直径80cm。单叶互生，倒披针形，边缘呈波状。蝎尾状花序，萼5裂；花冠5裂，辐射状，白色。浆果球形，果色随季节变化由绿变成红色，再到橙黄色。

【园林应用】喜阳光、温暖花境，耐旱又耐涝，耐热又耐寒，半阴处也能生长。花期7～9月份，浆果宿存，长期观赏，适宜制作盆栽居室摆置。

十、忍冬科

33. 郁香忍冬

【学名】*Lonicera fragrantissima*
【别名】香忍冬，香吉利子，羊奶子

【科属】忍冬科，忍冬属

【形态特征】半常绿灌木，冬芽有1对，枝叶有糙毛。叶形变异较大。花与叶同时开放，芳香，生于幼枝基部，苞片披针形，花冠白色或淡红色，上唇长，裂片深达中部，下唇舌状，反曲。浆果，鲜红色，矩圆形。

【园林应用】喜光，也耐阴，耐寒，耐旱，忌涝。2～4月份开花，适宜庭院、草坪边缘、园林路旁、假山及亭际附近栽植。

34. 珊瑚树

【学名】*Viburnum odoratissimum*

【别名】山猪肉，法国冬青，避火树，日本珊瑚树

【科属】忍冬科，荚蒾属

【形态特征】常绿小乔木，树冠倒卵形。叶对生，革质，长椭圆形，边缘波浪形有钝齿，表面深绿色，有光泽，背苍白色，小。圆锥状伞形花序顶生，花白色，钟状，有芳香。核果橙红色。变种：日本珊瑚树，叶片长。

【园林应用】喜温暖干燥和阳光充足环境，较耐寒、半阴、干旱。花期5～6月份，果10月份成熟，叶色碧绿光亮，秋季红果满枝，枝叶繁茂较耐火，宜作绿墙、盆栽布置室内、会场等。

35. 狭叶十大功劳

【学名】*Mahonia fortunei*

【别名】十大功劳，功劳木，黄天竹，猫儿刺，土黄连，八角刺，刺黄柏，刺黄芩，山黄芩，西风竹，老鼠刺

【科属】小檗科，十大功劳属

【形态特征】常绿灌木。羽状复叶，小叶革质，片多皱缩，卵状披针形，具刺齿。总状花序，苞片卵形，黄色；萼片卵形；花黄色，花瓣长圆形，基部腺体明显，先端微缺裂，裂片急尖。浆果球形紫黑色，被白粉。同属有：阔叶十大功劳，小叶边缘反卷，浆果球形，紫黑色，被白粉。

【园林应用】耐阴湿，花期7～9月份，果期9～11月份，叶形奇特，黄花似锦，在园林中可植为绿篱、盆栽观赏，作为切花更为独特。

36. 南天竹

【学名】*Nandina domestica*

【别名】天竺，玉珊瑚

【科属】小檗科，南天竹属

【形态特征】常绿灌木，丛生状，干直立，分枝少。奇数羽状复叶，互生，椭圆披针形，全缘，深绿色，冬季常变红色。圆锥花序，小花白色。浆果球形，红色。

【园林应用】喜温暖、多湿、通风良好的半阴环境，耐寒，要求排水良好的土壤。5～7月份开花，果11月份成熟，是优美的观叶、观果树种，秋冬叶色变红，红果累累，经久不落，是绿化美化环境的好材料，或作盆栽观赏。

十二、马鞭草科

37. 五色梅

【学名】*Lantana camara*

【别名】马缨丹，山大丹，如意草，五彩花，五雷丹，五色绣球，变色草

【科属】马鞭草科，马缨丹属

【形态特征】常绿灌木，枝条生长呈藤状，茎枝呈四方形，有柔毛。单叶对生，卵状长圆形，基部圆形，两面粗糙有毛，有刺激气味。头状花序，小花20多朵，花冠筒细长，顶端多五裂，颜色多变，有黄、橙、红等色。核果圆球形，熟时紫黑色。园艺品种有：蔓五色梅，半藤蔓状，花色玫瑰红带青紫色；白五色梅，花以白色为主；黄五色梅，花以黄色为主。

【园林应用】喜光，喜温暖湿润气候，耐干旱瘠薄，稍耐阴，不耐寒。花期4月～次年2月份，花色美丽，观花期长，绿树繁花，可植于花篱、花丛，绿化植被。

38. 龙吐珠 【学名】*Clerodendrum thomsonae*

【科属】马鞭草科，大青属

【形态特征】马鞭草科灌木，幼枝四棱形，二歧分枝，被黄褐色短绒毛，老时无毛。叶片纸质，狭卵形或卵状长圆形，顶端渐尖，基部近圆形，全缘。聚伞花序，腋生，苞片狭披针形；花萼白色，基部合生，中部膨大；花冠深红色，外被细腺毛；雄蕊4，与花柱同伸出花冠外。核果近球形，棕黑色。

【园林应用】喜温暖湿润和阳光充足的半阴环境，不耐寒。花期3～5月份，可作花架装饰，也可作盆栽点缀室内外环境。

39. 虾衣花

【学名】*Justicia brandegeana*

【别名】狐尾木，小虾花，虾夷花，虾衣草，麒麟吐珠

【科属】爵床科，爵床属

【形态特征】常绿灌木，高60cm，全体具毛。叶卵形，顶端具短尖，基部楔形，全缘，有短毛。穗状花序，顶生，下垂；苞片心形，宿存，棕色、红色、黄绿色、黄色重叠成串，下倾似龙虾；花白色，伸出苞片外，上唇全缘，下唇浅裂。蒴果。

【园林应用】喜温暖、湿润环境，较耐旱，耐半阴，忌暴晒，不耐寒。常年开花不断，苞片宿存，重叠成串，可作花坛或制作盆景。

40. 金苞花

【学名】*Pachystachys lutea*

【别名】珊瑚爵床，金包银，金苞虾衣花，黄色皇后，黄金宝塔

【科属】爵床科，麒麟吐珠属

【形态特征】常绿亚灌木，茎节膨大，茎多分枝，基部逐渐木质化。叶对生，长椭圆形，有明显的叶脉，有光泽，叶缘波浪形。穗状花序，顶生，唇形花，乳白色；苞片心形，金黄色；小花白色，伸出苞片形似虾体。蒴果棒形。

【园林应用】喜高温、高湿和阳光充足的环境，比较耐阴。夏、秋季花开，花期持久，花苞金黄色，是优良的盆花材料，也用于布置花坛、花境。

十四、夹竹桃科

41. 夹竹桃

【学名】*Nerium indicum*

【别名】桃树，半年红，柳叶桃

【科属】夹竹桃科，夹竹桃属

【形态特征】常绿灌木，丛生或小乔木。叶革质，轮生，披针形。聚伞花序，花2重瓣，桃红色、白色、黄色等，有香气。蓇葖果长橄榄形。常用品种还有：白花夹竹桃；重瓣夹竹桃等。

【园林应用】喜光，好肥，怕湿，不耐寒。7～10月份开花，植株姿态潇洒，花开热烈，气氛似桃，花期长，适宜道路旁花境，或花篱。

42. 丝兰

【学名】*Yucca smalliana*
【别名】菠萝花，软叶丝兰，毛边丝兰，洋菠萝

【科属】百合科，丝兰属
【形态特征】常绿灌木。

叶在基部簇生，厚革质，披针形，有白粉，边缘具有卷曲白丝，先端刺状。圆锥形花序，花序塔形，花被6，白色，下垂。蒴果。同属有：凤尾兰（菠萝花）叶较坚硬，花小乳白色；千手兰，叶革质较硬，黄绿色。

【园林应用】耐寒性强。5～6月份、10月份两次开花，四季常绿，花期较长，芳香宜人，植庭园草地一隅，点缀花坛中心极为美观。

十六、铁树科

43. 苏铁

【学名】*Cycas revolute*
【别名】铁树，凤尾蕉，凤尾松，避火蕉

【科属】铁树科，苏铁属

【形态特征】常绿小乔木，单干式树形。大型羽状叶，簇生茎顶，小叶线形，边缘反卷，革质，深绿色，有光泽。花无花被，雌雄异株，圆柱形生于茎顶，密生褐色毛。果实朱红色，种子核果状。同属还有刺叶苏铁，叶大羽片状。

【园林应用】喜阳光温暖湿润通风良好的花境。8月份开花，枝叶繁茂常年绿色，挺拔秀丽，可植于花坛中央创造主题花坛。适合制作花箱、盆栽装饰室内外环境。

十七、棕榈科

44. 棕榈

【学名】*Trachycarpus fortunei*
【别名】棕树

【科属】棕榈科，棕榈属

【形态特征】常绿单干式乔木，树冠伞形，棕皮剥落后即有环状痕迹。叶生于干顶端向外开展，叶形掌状如扇，两侧有细齿，有皱褶，先端分裂，叶柄有尖齿。肉穗花序，花单性，雌雄异株，淡黄色。核果球形由青逐渐变黑色。

【园林应用】喜温暖湿润环境，耐阴、耐寒。花期4～5月份，树干挺拔秀丽，树冠较小。适宜成片或小空间种植，也可盆栽布置室内。

十八、海桐科

45. 海桐

【学名】*Pittosporum tobira*

【别名】七里香，水香，山瑞香，宝珠香

【科属】海桐科，海桐属

【形态特征】常绿灌木或小乔木，圆球形。叶互生或轮生状，厚革质，倒卵形，先端钝圆，平滑亮丽，边缘为外卷状，背面苍白色。伞形花序顶生，密被黄褐色柔毛，苞片披针形，均被褐毛。花白色，有芳香，后变黄色；萼片卵形被柔毛；花瓣倒披针形。果实球形，成熟后开裂，露出红色可爱的种子。变种有：银边海桐，叶缘白色。

【园林应用】喜温暖湿润环境，较耐旱、耐寒、耐阴。4～5月份开白色小花，适宜布置花台，或花坛中心、草地一隅。能抗海潮海风，是沿海园林绿化的好树种。

十九、卫矛科

46. 大叶黄杨

【学名】*Buxus megistophylla*

【别名】黄杨 ，正木，冬青卫矛，四季青，黄爪龙树

【科属】卫矛科，卫矛属

【形态特征】常绿灌木或小乔木，树冠球形。叶对生，革质，倒卵形，边缘有锯齿，上面深绿色，背面淡绿色，表面有光泽。花绿白色。种子红色。变种很多：长叶大叶黄杨；葡萄大叶黄杨；金边大叶黄杨；银边大叶黄畅；金斑大叶黄杨；绿斑大叶黄杨等。

【园林应用】喜光，耐阴，较耐寒。5～6月份开花，四季常青，果实鲜红，生性强健，常作绿篱种植。其花叶、斑叶变种更适宜盆栽、制作花箱，盆栽亦适宜用于室内外绿化及会场装饰等。

二十、黄杨科

47. 黄杨

【学名】*Buxus sinica*
【别名】瓜子黄杨，小叶黄杨，朝鲜黄杨

【科属】黄杨科，黄杨属

【形态特征】常绿小乔木或灌木，树冠圆形，枝条紧密，小幼枝四棱形。单叶对生，全缘，革质光滑，倒卵形，先端稍凹陷，瓜子状，叶面深绿色，背面淡绿色。花为雌雄异花，腋生，淡绿色，无花瓣。蒴果球形。同属有：雀舌黄杨；细叶黄杨，叶较细。变种有：长叶黄杨；朝鲜黄杨，叶小。

【园林应用】喜光，也能耐阴，不耐水湿，能抗污染。4月份开花，果7～8月份成熟，可作为大气污染地区的绿化树种，是良好的盆景、绿篱树种。

二十一、楝科

48. 米兰

【学名】*Aglaia odorata*
【别名】米仔兰，树兰，鱼子兰

【科属】楝科，米仔兰属

【形态特征】常绿灌木或小乔木，多分支，幼嫩部分常被星状锈色鳞片。奇数羽状复叶，小叶对生，倒卵形，革质，光泽。圆锥花序，生于新梢的叶腋，花小、黄色、芳香。浆果。

【园林应用】喜高温高湿的气候，稍耐阴，不耐严寒，忌霜冻，忌强阳光直射。盛花期是夏季，花朵密集，可连续开花，适宜庭院绿化、花台、花境及室内布景。

二十二、瑞香科

49. 瑞香

【学名】*Daphne odora*
【别名】睡香，风流树

【科属】瑞香科，瑞香属

【形态特征】常绿灌木，小枝带紫色，树冠圆球形。叶互生，长椭圆形，深绿色，全缘。顶生头状花序，密生成簇，花两性，白色或淡红紫色。变种有：毛瑞香，花瓣外侧有绢毛；金边瑞香，叶边缘金黄色，花淡紫色，花瓣先端5裂，香味浓；蔷薇红瑞香，花淡红色。核果肉质红色。

【园林应用】喜阴凉、通风良好的环境，怕强光、高温、高湿，不耐寒。花期3～4月份，四季常绿，早春开花，香味浓郁，可作花坛、花台主景或点缀草坪。

二十三、藤黄科

50. 金丝桃

【学名】*Hypericum chinensis*

【别名】土连翘，狗胡花，金线蝴蝶，过路黄，金丝海棠，金丝莲。

【科属】藤黄科，金丝桃属

【形态特征】半常绿灌木，丛状，茎红色，小枝纤细且多分枝。叶对生，纸质，无柄，倒披针形，边缘平坦，上面绿色，下面淡绿色，有点状腺体。聚伞花序着生在枝顶，花色金黄，花瓣5，雄蕊多数花丝纤细。蒴果卵圆形。

【园林应用】喜湿润、半阴环境，不耐寒。花期6～7月份，花叶秀丽，常配置花境、花箱，或盆栽观赏。

二十四、柳叶菜科

51. 倒挂金钟

【学名】*Fuchsia hybrida*
【别名】吊钟海棠，灯笼花

【科属】柳叶菜科，倒挂金钟属
【形态特征】常绿灌木，茎直立，多分枝，植株被短柔毛与腺毛，幼枝带红色。叶对生，卵圆形，具浅齿，叶柄红色。总状花序，花梗纤细，花单一，下垂，花冠筒状，紫红色，白色；萼片4，红色，开放时反折。浆果紫红色，长圆形。品种繁多，花色多变，有紫红色、红色、粉红、白色等。

【园林应用】喜凉爽湿润环境，稍耐寒，怕高温和强光，忌酷暑闷热及雨湿。花期4～12月份，适宜盆栽、切花装饰室内外。

52. 蓬蒿菊

【学名】*Argyranthemum frutescens*
【别名】玛格丽特，木茼蒿，木春菊，法兰西菊，少女花

【科属】菊科，木茼蒿属

【形态特征】多年生亚灌木，枝干木质化。叶二回羽状分裂，一回为深裂或几全裂，二回为浅裂或半裂，叶柄有狭翼。头状花序，有长花梗，舌状花具有翅形肋，有粉色和黄色等品种。瘦果。

【园林应用】阳性植物，喜凉爽湿润环境，不耐炎热，不耐寒，怕水涝。花果周年不断，常作盆栽观赏，或作背景树。

二十六、大戟科

53. 一品红
【学名】*Euphorbia pulcherrima*
【别名】象牙红，圣诞花，圣诞红，老来娇，猩猩木

【科属】大戟科，大戟科属

【形态特征】常绿灌木，茎直立，高1m。叶互生，卵状椭圆形，深绿色，叶背有柔毛；苞叶5～7枚，狭椭圆形，长3～7cm，宽1～2cm，全缘，朱红色。聚伞花序，排列于枝顶，小花淡绿色。蒴果，三棱状圆形。品种：一品白，总苞片白色；一品粉，总苞片粉红色；重瓣一品红，小花成也成花瓣状叶片。

【园林应用】喜阳光温暖、湿润环境，不耐寒。花果期10月份至次年4月份，花色鲜艳，花期长，适宜盆栽、切花布置室内环境，配置花境、花坛景观。

54. 朱槿

【学名】*Hibiscus rosa-sinensis*

【别名】扶桑，佛槿，中国蔷薇，赤槿，佛桑，红木槿，桑槿，大红花，状元红

【科属】锦葵科，木槿属

【形态特征】常绿灌木，高1～3m；小枝圆柱形，被星状柔毛。叶阔卵形或狭卵形，边缘具粗齿或缺刻，叶柄长5～20mm，上面被长柔毛。花单生叶腋，常下垂；花冠漏斗形，直径6～10cm，玫瑰红色或淡红、淡黄等色，花瓣倒卵形，先端圆，外面疏被柔毛。蒴果卵形，品种繁多。

【园林应用】强阳性植物，性喜温暖、湿润，不耐阴、寒、旱。花期全年，花大色艳，花期长，是布置公园、花坛、宾馆、会场的好花木。

二十八、五加科

55. 八角金盘

【学名】*Fatsia japonica*
【别名】八金盘，八手，手树，金刚纂

【科属】五加科，八角金盘属

【形态特征】常绿灌木或小乔木，高可达5m。茎光滑无刺。叶片大，革质，掌状深裂，裂片长椭圆状卵形，边缘有粗锯齿，上面亮绿，下面色浅，有粒状突起，边缘有时呈金黄色。圆锥花序，顶生，长20～40cm，花序轴被褐色绒毛；花瓣5，黄白色。果球形，直径5mm，熟时黑色。

【园林应用】喜温暖湿润的气候，耐阴，有一定耐寒力，不耐干旱。花期10～11月份，成片群植于草坪边缘、林地、高架路旁，或盆栽装饰室内外。

二十九、豆科

56. 黄槐决明

【学名】*Cassia surattensis*

【别名】粉叶决明

【科属】豆科，决明属

【形态特征】常绿小乔木，高6m，小枝有肋，树皮光滑，灰褐色。偶数羽状复叶，小叶7～9对，长椭圆形，全缘，下面粉白色，被有柔毛。总状花序，萼片卵圆形，大小不等，外被柔毛。花瓣深黄色，倒卵形；雄蕊10枚，花药椭圆形。荚果扁平带状。

【园林应用】喜阳光，耐干旱，不耐寒，不抗风，不耐积水。全年开花，美丽色艳，适植于庭园、路边、池畔，也可作行道树、绿篱等。

57. 红花羊蹄甲

【学名】*Bauhinia blakeana*

【别名】紫荆花，兰花树，红花紫荆，洋紫荆，玲甲花，艳紫荆

【科属】豆科，羊蹄甲属

【形态特征】常绿乔木，树高6～10m。分枝多，小枝细长，植株被毛。叶革质，近圆形，基部心形，顶端二裂，形如羊蹄，下面有短柔毛，叶柄褐色。总状或圆锥花序，苞片三角形；花大，花蕾纺锤形；花萼佛焰状，有淡红色和绿色线条；花瓣红紫色，花瓣5，其中4瓣分列两侧，两两相对，而另一瓣则翘首于上方，花香。荚果。

【园林应用】性喜阳光充足、温暖湿润的环境。全年开花，花大如掌，有芳香，终年常绿繁茂，适于我国南方作行道树、庭园树。

三十、紫金牛科

58. 富贵子

【学名】*Ardisia crenata*
【别名】朱砂根，红凉伞，百两金

【科属】紫金牛科，紫金牛属

【形态特征】灌木，株高1m。叶片互生，革质有光泽，边缘具钝齿，有红叶、绿叶两个品种。伞形花序，花白或粉红色。果实球形，生于枝头叶下，熟时鲜红透亮。

【园林应用】性喜阴凉、湿润的环境，耐高温。夏天开花，红果持续不落，常制作盆景观赏。

三十一、野牡丹科

59. 宝莲灯

【学名】*Medinilla magnifica*
【别名】珍珠宝莲，美丁花，粉苞酸脚杆

【科属】野牡丹科，酸脚杆属

【形态特征】常绿灌木，株型茂密，枝权粗糙，高达2m，茎4棱。单叶对生，叶片椭圆厚重，呈深绿色。穗状花序下垂，花瓣片4，红色；花外苞片粉红色。浆果球形。

【园林应用】喜高温多湿和半阴环境，不耐寒，忌烈日暴晒。2～8月份开花，灰绿色叶片宽大粗犷，粉红色花序下垂，适宜盆栽装饰宾馆、厅堂。

第二章　落叶木本花卉

一、蔷薇科

1. 梅花

【学名】*Prunus mume*

【别名】干支梅

【科属】蔷薇科，李属

【形态特征】落叶小乔木，高可达 8m，树冠椭圆形，干茎褐色有枝刺，幼枝绿色。叶互生，卵形，先端尾尖，边缘有细锯齿。花单生或并生，红色、绿色、淡粉或白色，有芳香。核果球形。品种较多：绿萼梅，花白色，萼绿色；红梅，花红色；江梅，花白色或粉白色，萼绛紫色等。

【园林应用】喜阳光充足通风良好环境，耐旱，抗寒，耐瘠薄，畏涝。2～3月份开花，适于公园、风景区成片种植，或园林孤植、对植、列植，也可植于花台、松林、竹丛之间，具有"岁寒三友"之意。

2. 紫叶李

【学名】*Prunus cerasifera*
【别名】红叶李

【科属】蔷薇科，李属

【形态特征】落叶小乔木，球形树冠，枝条细，幼枝紫红色。叶卵形，基部圆形，边缘有锯齿，紫红色，有光泽。花先叶开放，2～3朵簇生，粉红色或白色。核果球形，暗红色。

【园林应用】喜光，较耐湿，不耐寒，花期3～4月份，开花较早，春季白花满树，夏季果实累累，红叶满树，可作观叶风景树。

3. 稠李

【学名】*Prunus racemosa*
【别名】稠梨

【科属】蔷薇科，李属

【形态特征】落叶乔木，小枝紫褐色。叶卵状长椭圆形，先端尖，基部圆形，叶缘有细锐锯齿，表面深绿色，背面灰绿色。花小，白色，有芳香。果球形，黑色，有光泽。

【园林应用】喜光，略耐阴，耐寒，喜肥沃、湿润、排水良好的沙壤土。4月份开花，花期长而美丽，春季花序白色，夏秋果实由紫红到黑色，是园林优良观赏树种。

4. 榆叶梅

【学名】*Amygdalus triloba*
【别名】榆梅，小桃红

【**科属**】蔷薇科，李属

【**形态特征**】落叶灌木，树冠椭圆形，小枝紫红色。单叶互生，叶椭圆形至倒卵形，新枝叶先端有大锯齿。花大，生于叶腋，先叶开放，萼筒钟形；花瓣多数，桃红色。核果球形，果肉薄。品种繁多：单瓣榆叶梅；重瓣榆叶梅等。

【**园林应用**】喜阳，耐寒，耐碱土，抗旱，不耐涝和庇荫。春天开花，叶茂花繁，花瓣色泽艳丽，适宜园林绿地种植，也适于盆栽和切花。

5. 木瓜海棠

【学名】*Chaenomels sinensis*
【别名】木梨，皱皮木瓜，宣木瓜，红木瓜，光皮木瓜，土木瓜

【科属】蔷薇科，木瓜属

【形态特征】落叶小乔木，枝无刺，幼枝有淡黄色柔毛，树皮片状剥落。叶片卵形至椭圆形，先端尖，边缘有芒状锯齿，托叶膜质，披针形。花单生嫩枝叶腋，淡红色或白色，芳香。梨果木质，球形。

【园林应用】喜温暖湿润和阳光充足的环境，耐寒冷，抗旱怕涝。花期4～5月份，姿态优美，春花烂漫，芳香四溢，秋季金果满树，适用孤植于庭院，或草坪中，也可矮化盆栽，装点室内。

6. 贴梗海棠

【学名】 *Chaenomeles lagenaria*

【别名】 木瓜花，铁脚海棠

【科属】 蔷薇科，木瓜属

【形态特征】 落叶灌木，树皮灰褐色，光滑。叶互生，长椭圆形，有尖锯齿，表面深绿色有光泽，背面有短柔毛；叶柄细长基部有托叶。伞形总状花序，花5～7朵簇生，未开时红色，开后渐变为粉红色，多为半重瓣。变种：芒刺海棠，叶缘有芒状锯齿；龙爪海棠，枝和刺弯曲等。梨果木质，球形。

【园林应用】 喜温暖，耐寒，忌高温，4～5月份开花，适宜种植花台、花境，配置在人行道两侧，也是制作盆景和插花的好材料。

7. 垂丝海棠

【学名】*Malus halliana*

【别名】垂枝海棠

【科属】蔷薇科，苹果属

【形态特征】落叶小乔木，高达5m，树冠开展，小枝细弱，微弯曲，紫褐色。叶片卵形，锯齿细钝或近全缘，中脉有短柔毛，上面深绿色有光泽并有紫晕。伞房花序，具花4～6朵，花梗紫色细弱下垂，花瓣倒卵形，基部有短爪，粉红色，雄蕊多数，花柱4或5。果实梨形，略带紫色。

【园林应用】性喜阳光、爱温暖湿润环境，背风之处，不耐阴，也不甚耐寒。花期3～4月份，叶茂花繁，丰盈娇艳，秋季果实满枝，可装点各类园林，也是制作盆景的材料。

8. 樱花

【学名】*Cerasus serrulata*

【别名】山樱花，日本樱花，中国樱花，福岛樱花，青肤樱花，黑樱桃

【科属】蔷薇科，樱属

【形态特征】落叶乔木，高达25m，树冠椭圆形，树皮紫褐色，有光泽。单叶互生，卵状椭圆形，幼叶淡绿褐色，边缘有芒锯齿，先端尾尖；叶柄有2个腺体。伞形花序，花大，五朵左右，芳香，有红、白、粉红等色。核果圆球形，成熟时由红变黑色。种类繁多，主要有：①早樱，花单瓣，花柄、花萼无毛，先花后叶；②晚樱，花大重瓣，下垂，花柄、花萼有毛，花叶同放。

【园林应用】喜阳光和湿润气候，耐寒和耐旱，不耐水湿和盐碱。花期3～4月份，花形花色各异，鲜艳夺目，被广泛用于园林观赏，可孤植、丛植点缀园林绿地，群植景观更加诱人。

晚樱

早樱

9. 毛樱桃

【学名】*Cerasus tomentosa*

【别名】山樱桃，梅桃，山豆子，樱桃

【科属】蔷薇科，樱属

【形态特征】落叶灌木，多枝干，高3m，小枝红褐色，有柔毛。叶片倒卵状椭圆形，有粗锐重锯齿，两面有绒毛。伞形花序，花1～2朵簇生，花柄短，花先叶开放，萼片红色；花瓣白色或粉红色，倒卵形，先端圆钝；雄蕊短于花瓣。核果卵形，红色。有直立型、开张型两类。与本种相近的有：樱桃，落叶小乔木，高达7m。

【园林应用】适应性强，3～4月份开花，花朵娇小，果实艳丽，是优良的园林观赏植物。

10. 东京樱花

【学名】*Cerasus yedoensis*
【别名】江户樱花，日本樱花

【科属】蔷薇科，樱属

【形态特征】落叶乔木，高15m，树皮灰色，小枝淡紫褐色，嫩枝绿色，被疏柔毛。叶片椭圆卵形，叶缘有尖长重锯齿，上面深绿色，下面淡绿色，无毛。伞形总状花序，较短，花5朵先叶开放，单瓣，芳香，白色或粉红色，雄蕊约32枚，短于花瓣；花柱基部有疏柔毛。核果近球形，黑色。

【园林应用】喜阳光，耐寒，不耐旱，怕涝，也不抗风。4月份开花，树形高大，繁花似锦，适宜种植于山坡、庭院及路旁，也可以列植作行道树。

11. 郁李

【学名】*Cerasus japonica*

【别名】爵梅，秧李，夫移

【科属】蔷薇科，樱属

【形态特征】落叶灌木，嫩枝绿色无毛。叶片卵状披针形，边有尖锐重锯齿，托叶线形边有腺齿。花1～3朵簇生，花叶同时开放；萼片椭圆形，比萼筒长；花瓣倒卵形，有白色、粉红色；雄蕊32；花柱与雄蕊长度近等，无毛。核果球形，深红色。

【园林应用】喜光，耐寒，抗旱，不怕水湿。3～4月份开花，果期7～8月份，花朵繁密如云，果实深红色，是园林中重要的观花、观果树种，也可作花篱栽植。

12. 月季花

【学名】*Rosa chinensis*

【别名】月月红、斗雪红、四季花

【科属】蔷薇科，蔷薇属

【形态特征】落叶或常绿灌木，高1m，茎枝少刺无毛。奇数羽状复叶，互生，小叶卵形3～5枚，光滑，有锯齿，顶生小叶片有柄，叶柄边缘有腺毛。伞房花序，花朵大，花梗长，萼片卵形；花瓣倒卵形，红色、粉红色、白色、先端有凹缺；花柱离生。有芳香。果球形，红色。变种多样：香水月季、丰花月季、壮花月季、微型月季、藤本月季、灌木月季等。

【园林应用】喜温暖、日照充足、空气流通的环境，耐寒。花期4～9月份，一年多次开花，花色艳丽，宜作花境及园林基础栽植，配植花篱、花架，在草坪、园路角隅，又可作盆栽及切花用。

13. 玫瑰

【学名】*Rosa rugosa*

【别名】徘徊花，刺客，穿心玫瑰

【科属】蔷薇科，蔷薇属

【形态特征】落叶灌木或藤本状，茎枝灰褐色，密生刚毛与倒刺。奇数羽状复叶，互生，小叶5～9枚，椭圆状倒卵形，边缘有锯齿，叶脉多皱，叶柄基部有对生刺。花单生于叶腋或数朵聚生，苞片卵形，边缘有腺毛；花冠鲜艳，紫红色，芳香。果扁球形，熟时红色。品种特多。

【园林应用】性喜温暖阳光充足通风良好环境，耐寒、耐旱。春秋开花，花色繁多而艳丽，花期较长，常作专类园，丛植、片植，或栽植花台、花境，还适宜切花、瓶插，制作花篮、花环。

14. 缫丝花

【学名】*Rosa roxburghii*

【别名】刺梨，木梨子，刺槟榔根，刺梨子

【科属】蔷薇科，蔷薇属

【形态特征】落叶灌木，高2m，树皮灰褐色，皮刺成对。单数羽状复叶，互生，椭圆形，边缘有锯齿，下面叶脉突起，叶柄有小皮刺。花单生短枝顶，花梗短；花瓣粉红色，微香，倒卵形，外轮花瓣大，内轮较小；花柱离生，被毛，短于雄蕊。果扁球形，绿红色，

【园林应用】喜温暖湿润和阳光充足环境，较耐寒，稍耐阴。花期5～7月份，花朵秀美，适用于坡地和路边丛植绿化。

15. 黄刺玫

【学名】*Rosa xanthina*

【别名】刺玖花，黄刺莓，破皮刺玫

【科属】蔷薇科，蔷薇属

【形态特征】落叶灌木，高2m；枝粗壮披散，具皮刺。奇数羽状复叶，小叶7～13枚，椭圆形，边缘有圆钝锯齿，叶柄有柔毛和小皮刺。花单生叶腋，萼片披针形，边缘有柔毛；花瓣宽倒卵形，先端微凹，黄色，基部宽楔形；花柱离生，有柔毛，比雄蕊短。蔷薇果球形，红黄色。

【园林应用】喜光，稍耐阴，耐寒，耐干旱和瘠薄，不耐涝。花期5～6月份，不仅可供园林绿化观赏，还可保持水土。

16. 柳叶绣线菊

【学名】*Spiraea salicifolia*
【别名】绣线菊，蚂蝗草

【科属】蔷薇科，绣线菊属

【形态特征】落叶灌木，茎直立，高2m，枝条密集。叶片倒披针形、长披针形，先端极尖，边缘密生锐锯齿或重锯齿，无毛。狭圆锥花序顶生，有短绒毛；花萼钟状；花瓣卵圆形，粉红色；雄蕊50，长于花瓣2倍。蓇葖果直立。

【园林应用】喜光，也稍耐阴，抗寒，抗旱。花期6～8月份，果期8～9月份，在园林中应用较为广泛，是庭院观赏的良好花木。

17. 笑靥花

【学名】*Spiraea prunifolia*

【别名】李叶绣线菊

【科属】蔷薇科，绣线菊属

【形态特征】落叶灌木，高可达3m，小枝细长弯成拱形，幼时被短柔毛。叶椭圆形或披针形，先端有细锯齿，羽状脉，叶背和叶柄有柔毛。伞形花序，无总梗，花3～6朵，花柄较长，花重瓣，白色，野生种有单瓣花。

【园林应用】喜温暖湿润气候，较耐寒。3～5月份开花，花序洁白，繁密似雪，可成片群植于草坪及建筑物角隅。

18. 麻叶绣线菊

【学名】*Spiraea cantoniensis*

【别名】石棒子，柳叶绣线菊，空心柳，麻球，麻叶绣球

【科属】蔷薇科，绣线菊属

【形态特征】落叶灌木，丛生状，高1.5m，枝条开展，皮暗红色，无毛。单叶互生，长椭圆形至披针形，中部以上有特大锯齿。伞形花序顶生，小花密集成球，生于短枝，花萼钟状；花瓣圆形，花白色。蓇葖果。常见种还有：高山绣线菊、美丽绣线菊、榆叶绣线菊、中华绣线菊、粉花绣线菊等。

【园林应用】喜光，也稍耐阴，耐干旱瘠薄，怕涝。夏初季盛开白色或粉色鲜艳的花，配植于花台、花境供观赏，列植路边，形成绿篱极为美观。

19. 粉花绣线菊

【学名】*Spiraea japonica*
【别名】蚂蟥梢，火烧尖，日本绣线菊

【科属】蔷薇科，绣线菊属

【形态特征】落叶灌木，直立，高达1m；小枝向外开展。单叶互生，长卵形，有锯齿，上面暗绿色，下面有白粉，叶脉有短柔毛。复伞房花序顶生，花朵密集；苞片线状披针形；萼筒钟状；花瓣卵形至圆形，粉红色；雄蕊多数，比花瓣长。蓇葖果半开张。品种较多，如暗红花种、大叶种、大粉红绣线菊等。

【园林应用】耐寒，耐旱贫瘠，抗病虫害。6～7月份开花，花繁叶密，可作花坛、花境，或植于草坪及园路角隅，也可作绿篱，花盛开时宛若锦带。

20. 白鹃梅

【学名】*Exochorda racemosa*

【别名】茧子花，九活头，金瓜果等白绢梅，金瓜果，茧子花

【科属】蔷薇科，白鹃梅属

【形态特征】落叶灌木，枝条细弱开展，小枝微有棱角。叶片长椭圆形，全缘，先端圆钝或有突尖，叶柄短。总状花序，花梗基部较顶部稍长，苞片小，披针形；萼筒浅钟状；花瓣倒卵形，先端钝，基部细尖，白色。蒴果倒圆锥形，有5脊。

【园林应用】适应性广，花期5月份，果期6～8月份，开花如雪似梅，果形奇异。在林间或建筑物附近散植极适宜，也是制作树桩盆景的优良素材。

21. 桃花　【学名】*Prunus persica*

【科属】蔷薇科，桃属

【形态特征】落叶小乔木，树冠圆球形，小枝红褐色；复芽并生，中为叶芽，两侧为花芽。叶椭圆披针形，边缘有锯齿。花单生，色彩各异，多为桃红色，花芽有单芽和复芽，生于新稍。核果球形。观赏种类较多，如：碧桃、千瓣白桃、绛桃、紫叶桃、寿星桃、垂枝碧桃等。

【园林应用】喜光，较耐寒，耐旱，不耐水湿。3～4月份开花，宜群植于山坡，也适宜庭前、路侧等处。

22. 山楂

【学名】*Crataegus pinnatifida*

【别名】山里红，棠球，红果

【科属】蔷薇科，山楂属

【形态特征】落叶乔木，高达6m，小枝多有刺。叶互生，三角状卵形，羽状深裂，有托叶。伞房花序，顶生，小花白色。果近球形，熟时红色。

【园林应用】喜光，稍耐阴、耐寒、耐干燥贫瘠土壤。花期5～6月份，果10月份成熟。树冠整齐，花繁叶茂，果实鲜红可爱，是观花、观果和园林结合生产的良好绿化树种，也是盆景的好材料。

23. 棣棠

【学名】*Kerria japonica*

【别名】土黄条，地棠，蜂棠花，黄度梅，金棣棠梅，黄榆梅

【科属】蔷薇科，棣棠花属

【形态特征】落叶灌木，小枝有棱，外弯，绿色。单叶互生，卵形，皱缩，有重锯齿，有柔毛，先端尾尖。花单生枝顶，萼筒扁平，裂片5；花瓣椭圆形，黄色。瘦果倒卵形，黑褐色。变种有：重瓣棣棠花、白棣棠花。

【园林应用】喜温暖湿润和半阴环境，耐寒性较差，不宜碱性土壤。花期4～6月份，金花满树，宜作花篱、花境，盆栽观赏。

24. 鸡麻

【学名】*Rhodotypos scandens*

【别名】双珠母，白棣棠，三角草，山葫芦子，水葫芦杆

【科属】蔷薇科，鸡麻属

【形态特征】落叶灌木，高1m，小枝紫褐色，光滑。单叶，对生，卵形，有尖锐重锯齿，叶面有皱折；托叶带形，叶有柔毛。花单生新梢，萼片大，卵形，有柔毛，副萼片带形；花瓣4，倒卵形，白色。核果黑褐色，椭圆形，光滑。

【园林应用】喜光，耐半阴，耐寒，怕涝。花期4～5月份，果期6～9月份，花叶清秀美丽，适宜丛植于草地、路旁、角隅或池边，也可植山石旁。

25. 珍珠梅

【学名】*Sorbaria sorbifolia*
【别名】喷雪花，珍珠花

【科属】蔷薇科；珍珠梅属

【形态特征】落叶丛生灌木，高2m。奇数羽状复叶，小叶13～21枚，卵状披针形，重锯齿，无毛。圆锥花序，顶生，小花白色，雄蕊与花瓣等长。蓇葖果，长圆形。

【园林应用】喜光，耐阴性强，耐寒，不择土壤。花期6～8月份，花叶清丽，花期极长，而且正是夏季少花季节，常用于庭院、花台、花境中。

二、忍冬科

26. 金银木

【学名】*Lonicera maackii*

【别名】忍冬，金银忍冬，胯杷果

【科属】忍冬科，忍冬属

【形态特征】落叶灌木或小乔木，高达6m，小枝中空。叶对生，纸质，卵圆形，两面叶脉、叶柄、苞片有柔毛。聚伞花序，花冠淡黄色，合瓣，2唇形，5或4裂；雄蕊五枚。果实圆形，暗红色。

【园林应用】喜强光充足温暖的气候环境，稍耐旱。花期5～6月份，果熟期8～10月份，树势旺盛，枝叶丰满，初夏开花有芳香，秋季红果缀枝头，是良好之观赏灌木。

27. 大绣球

【学名】*Viburnum macrocephallum*

【别名】琼花，斗球，紫阳花，绣球花，中国雪球

【科属】忍冬科，荚蒾属

【形态特征】落叶或半常绿灌木，丛生，高4m，小枝开展，树冠半球形。单叶对生，卵形或椭圆形，有细锯齿，疏生星状毛。聚伞花序，球状，花朵大而不孕，白色，形成雪球状。核果球形，红色。同属有：斗球（粉团、雪球荚蒾），花较小。

【园林应用】喜光略耐阴，较耐寒。5～6月份开花，树姿舒展呈半圆形，球状白花满树，犹如白雪压枝。适宜孤植于草坪以及堂前屋后、墙下窗外、花台、花境。

28. 木绣球

【学名】*Viburnum macrocephallum* var.

【别名】聚八仙花，鸡树条

【科属】忍冬科，荚蒾属

【形态特征】落叶或半常绿灌木，树皮有纵条及软木条层，枝条开展。单叶对生，阔卵圆形，浓绿色，边缘具细锯齿。聚伞花序，顶生，总柄粗壮，花冠杯状开展，乳白色；中央为可孕花，外围是大型不孕花，5裂。核果球形，鲜红色。相近种有：天目琼花，叶浅3裂，掌状3出脉，边缘具大齿点。

【园林应用】耐寒、耐旱、耐半阴。花期5～6月份，可用于风景林、公园、庭院、路旁、草坪上、水边及建筑物北侧，可孤植、丛植、群植。

29. 荚蒾

【学名】*Viburnum dilatatum*

【别名】繫迷，繫蒾

【科属】忍冬科，荚蒾属

【形态特征】落叶灌木，高可达3m，植体有糙毛，腺点。叶纸质，宽倒卵形，边缘有齿状锯齿。

聚伞花序，花萼筒状；花冠白色，辐射状，裂片圆卵形；雄蕊高出花冠。果实圆球状，红色。

【园林应用】喜阳光、喜温暖湿润环境，也耐阴，耐寒。5～6月份开花，9～11月份结果，叶入秋红色；开花时，白花满枝头；果熟时，红果满枝，集叶花果为一树，是良好的园林花木。

30. 香荚蒾

【学名】*Viburnum farreri*

【别名】香探春，翘兰，丹春，野绣球

【科属】忍冬科，荚蒾属

【形态特征】落叶灌木，高达5m，小枝由绿色变成灰褐色。叶菱状倒卵形，纸质，三角形锯齿，幼时有微毛。圆锥花序，顶生，花先叶开放，苞片条状披针形；花萼筒状；花蕾粉红色，开放时白色，高脚碟状，芳香。果实矩圆形，紫红色。

【园林应用】喜光，耐半阴，耐寒，不耐瘠土和积水。花期3～5月份，花期早，白花浓香，是我国北方早春主要的观花灌木，可布置庭院、林缘半阴处。

31. 六道木

【学名】*Abelia biflora*
【别名】二花六道木、六条木，交翅，川续断目

【科属】忍冬科，六道木属

【形态特征】落叶灌木，高3m，枝有六条沟，新枝红褐色，植体被刚毛。叶对生或3叶轮生，圆状披针形，上面深绿色，下面绿白色，有毛。花2朵腋生，萼筒淡红色，有刺毛，裂片4；花冠漏斗形，裂片5，白色，淡红色，芳香，有毛；雄蕊4枚，2强。瘦果有毛。同属有：南方六道木，双花生于短枝顶；糯米条，圆锥花序，白色、淡红色，有香气。

【园林应用】喜温暖湿润气候，耐半阴、耐寒、耐修剪，也耐干旱瘠薄。春秋花开不断，8～9月份结果，枝叶婉垂，树姿婆娑，萼裂片特异，适宜丛植草地边、建筑物旁，或路旁作为花篱，也可以用作地被、花境。

32. 蝟实

【学名】*Kolkwitzia amabilis*

【别名】猬实

【科属】忍冬科，蝟实属

【形态特征】落叶灌木，高达3m，多分枝，幼枝红褐色，植体被毛。叶对生，卵状椭圆形，少有浅齿状，两面有毛。伞房状聚伞花序，花冠钟状，裂片5，淡红色、紫色，基部甚狭，喉部黄色，中部以上突然扩大。瘦果，卵形，黄色，有刚毛。

【园林应用】5～6月份开花，8～9月份果熟，在园林中用于草坪、角隅、山石旁、园路交叉口、亭廊附近列植或丛植，也可盆栽、切花用。

33. 锦带花

【学名】*Weigela florida*

【别名】五色海棠，海仙花

【科属】忍冬科，锦带花属

【形态特征】落叶灌木，高达1～3m，幼枝方形有2列短柔毛，芽光滑。叶对生，椭圆形，边缘有锯齿，叶面有短柔毛。聚伞花序，花冠漏斗状，花色多变，初为白色或粉红色，后变玫瑰红色；萼筒圆柱形有柔毛；花丝短于花冠，花柱细长，柱头2裂。蒴果柱状，顶有短喙。

品种较多：白花锦带花、紫叶锦带花、斑叶锦带花、金叶锦带花等。

【园林应用】好温暖也耐寒，喜阳也稍耐阴，耐寒、耐旱。花期4～6月份，枝长花茂，灿如锦带，常植于庭园角隅、公园湖畔，布在林缘、树丛边作花篱、花坛、花境、花丛，点缀在山石旁，或插花使用。

三、豆科

34. 合欢

【学名】*Albizzia julibrissin*

【别名】夜合树，马缨花，绒花树，扁担树

【科属】豆科，合欢属

【形态特征】落叶乔木，高达15m，伞形树冠。二回羽状复叶，小叶20对左右，叶互生，昼开夜合。头状伞房花序，雄蕊花丝犹如缨状，半白半红，故有"马缨花""绒花"之称。荚果扁平。近似种有：大叶合欢，叶大，花银白色，有香气；山合欢，叶小，花由黄色变为黄白色等。

【园林应用】喜阳光温暖湿润的环境，耐严寒、耐干旱瘠薄，不耐烈日。6～7月份开花，形似绒球，清香袭人；叶日落而合，日出而开，绿荫如伞，适宜作绿荫树、行道树，或庭园栽植等。

35. 株樱花

【学名】*Calliandra haematocephala*

【别名】红合欢，美洲合欢，红绒球

【科属】豆科，朱缨花属

【形态特征】落叶灌木或小乔木，高3m，枝条扩展，褐色，粗糙。二回羽状复叶，小叶7～9对，斜披针形，基部偏斜，边缘被疏柔毛，有托叶。头状花序腋生，花25～40朵，花萼钟状，绿色；花冠5裂，淡紫红色，裂片反折；雄蕊露于花冠之外，白色，其上部有离生花丝深红色。荚果，暗棕色。

【园林应用】喜阳光温暖湿润气候，不耐寒。花期8～9月份，果期10～11月份，叶色亮绿，花色鲜红似绒球状，是行道树、四旁绿化和庭园点缀的观赏佳树，也可盆栽装饰室内外。

36. 凤凰木

【学名】*Delonix regia*

【别名】金凤花，红花楹树，火树，洋楹

【科属】豆科，凤凰木属

【形态特征】落叶乔木，树皮灰褐色，树冠扁圆形，分枝多而开展。二回偶数羽状复叶，叶柄基部膨大，小叶全缘，长椭圆形，对生，两面被绢毛，基部偏斜。伞房状总状花序，花大，红色，有光泽，花梗长；花托盘状；萼片5，红色，边缘绿黄色；花瓣5，红色，有黄白色花斑；雄蕊10，上弯，红色，花下半部有毛。荚果木质，带形。

【园林应用】喜高温、多日的环境，较耐干旱，耐瘠薄土壤，怕积水。6～7月份开花，树冠高大，横展下垂，花红叶绿，满树如火，适宜我国南方的观赏树或行道树。

37. 金合欢

【学名】*Acacia farnesiana*

【别名】鸭皂树，刺球花，消息树

【科属】豆科，金合欢属

【形态特征】灌木或小乔木，树皮褐色，小枝常呈"之"字形弯曲，有刺和小皮孔。二回羽状复叶，叶轴有灰白色柔毛和腺体；小叶片带状，4～8对；托叶刺状。头状花序，簇生于叶腋，总花梗被毛，花黄色，有香味；花瓣连合呈管状，雄蕊长约为花冠的2倍；子房圆柱状，被微柔毛。荚果圆柱状，褐色。

【园林应用】喜光、喜温暖湿润的气候，耐干旱。花期3～6月份，适宜作绿篱、环保观赏树种，也可制作盆景观赏。

38. 巨紫荆

【学名】*Cercis gigantea*

【别名】满条红，乌桑树，湖北紫荆，乔木紫荆，天目紫荆

【科属】豆科，紫荆属

【形态特征】落叶乔木，高达30m，树皮粗糙，灰黑色；枝条稠密柔软下垂。叶互生，心形，全缘，叶基有毛。花簇生老枝，先叶开放，紫红色、白色等，形似蝶。荚果暗红色，条形。

【园林应用】适应性强，早春，枝干布满紫花，如云如霞，与绿叶掩映，颇为动人，可孤植、片植、列植，或作行道树、庭荫树。

39. 紫荆

【学名】*Cercis chinensis*

【别名】满条红，紫株，乌桑，箩筐树，苏芳花

【科属】豆科，紫荆属

【形态特征】落叶灌木或小乔木，干皮灰色。叶心形，全缘，无毛。花先叶开放，花朵密集簇生老枝，花冠蝶形，紫红色。荚果紫红色。同属还有白花紫荆等。

【园林应用】性喜光，喜肥沃湿润土壤，较耐寒，怕涝。早春开花，一片紫红，适宜庭园墙隅、篱外、草坪边缘、建筑物周围的花台、花境与常绿乔木配植。

40. 锦鸡儿

【学名】*Caragana sinica*

【别名】黄雀花，土黄豆，酱瓣子，阳雀花，黄棘

【科属】豆科，锦鸡儿属

【形态特征】灌木，高2m，皮深褐色，小枝有棱，无毛。羽状复叶，小叶2对，厚革质，倒卵形，有托叶刺。

花单生，花萼钟状，基部偏斜；花冠黄色，红色，旗瓣狭倒卵形，具短瓣柄，翼瓣稍长于旗瓣，瓣柄与瓣片近等长，耳短小，龙骨瓣宽钝。荚果，圆筒状。

【园林应用】性喜光，亦较耐阴，耐寒，耐干旱瘠薄，忌积水。花期4～5月份，果期7月份，枝叶秀丽，花色鲜艳，可孤植、丛植，也是制作盆景的好材料。

41. 国槐

【学名】*Sophora japonica*

【别名】槐树，槐蕊，豆槐，白槐，细叶槐，金药材，护房树，家槐

【科属】豆科，槐属

【形态特征】乔木，高25m，树皮灰褐色，具纵裂纹，新枝绿色。羽状复叶，叶柄基部膨大，包裹着芽，小叶4～7对，对生，卵状披针形。

圆锥花序顶生，金字塔形，小苞片2枚，花萼钟状，花冠白色或淡黄色，旗瓣近圆形，有紫色脉纹，先端微缺，翼瓣卵状先端浑圆，龙骨瓣阔卵状。荚果念珠状，肉胶质。

【园林应用】喜光稍耐阴，耐寒，抗风，耐干旱瘠薄。夏季开花，其枝叶茂密，绿荫如盖，适作庭荫树、行道树。

42. 刺槐

【学名】*Robinia pseudoacacia*
【别名】洋槐，刺儿槐

【科属】豆科，刺槐属

【形态特征】落叶乔木，高25m，树皮灰褐色，深纵裂，小枝有托叶刺。羽状复叶，小叶2～12对，椭圆形，先端圆，微凹，具小尖头，全缘。

总状花序，成窜下垂，花萼斜钟状有柔毛；花冠白色，各瓣均具瓣柄，旗瓣近圆形，先端凹缺，基部圆，反折，内有黄斑，翼瓣斜倒卵形，与旗瓣几等长，基部一侧具圆耳，龙骨瓣镰状。荚果带状，有褐色斑纹。

【园林应用】能抗旱、抗烟尘、耐盐碱。花期4～6月份，是水土保持、防护林、行道树、"四旁"绿化的优良树种。

43. 紫穗槐

【学名】*Amorpha fruticosa*
【别名】棉槐，椒条，棉条，穗花槐，紫翠槐，板条

【科属】豆科，紫穗槐属

【形态特征】落叶灌木，丛生，高1m，嫩枝密被短柔毛，小枝灰褐色。叶互生，奇数羽状复叶，基部有线形托叶；小叶卵形，先端圆形并有尖刺，下面有白色短柔毛，具黑色腺点。

穗状花序，密被短柔毛；花的旗瓣心形，紫色，无翼瓣和龙骨瓣。荚果下垂，微弯曲，棕褐色。

【园林应用】耐瘠，耐水湿和轻度盐碱土，花期5～10月份，枝叶繁密，对烟尘有较强的吸附能力，根部可改良土壤，是优良绿化树种。

44. 金链花

【学名】*Laburnum anagyroides*

【别名】毒豆，金急雨，黄金雨，波斯皂荚，长果子树，腊肠树，牛角树，猪肠豆

【科属】豆科，毒豆属

【形态特征】小乔木，高5m，枝条平展或下垂，老枝褐色，光滑。三出复叶，具长柄，小叶椭圆形，纸质，先端钝圆，具细尖，下面被贴伏细毛。

总状花序，顶生，下垂，花序轴被银白色柔毛，萼歪钟形，稍呈二唇状，上方2齿尖，下方3齿尖；花冠黄色，旗瓣阔卵形，翼瓣长圆形，龙骨瓣阔镰形。荚果线形，被柔毛。

【园林应用】喜温暖湿润的环境，耐半阴。花期4～6月份，树冠端正整齐，花金黄色美丽，常作庭园树。

四、杜鹃花科

45. 杜鹃
【学名】*Rhododendron simsii*
【别名】映山红，山鹃

【科属】杜鹃花科，杜鹃花属

【形态特征】落叶或半常绿灌木，高1.5m，分枝多而细，有伏毛。叶散生，春季生叶为椭圆形；夏季生叶为倒卵形，有毛。花2～6朵生枝顶，花萼杯状，5裂，宿存；花冠喇叭状，有玫瑰红、粉红、深红等色，有紫色斑点等，雄蕊10，花柱光滑。蒴果。品种较多：白花杜鹃、紫斑杜鹃、彩纹杜鹃、春鹃、夏鹃、东鹃（花小）、西鹃（花色多样，复瓣）、毛鹃（叶大多毛）等。

【园林应用】喜半阴，怕强光，喜温暖湿润、通风良好的气候，忌碱性土。4～6月份开花，开花时烂漫如锦，适宜作花境、花箱、花台、花篱、绿篱。

46. 满山红

【学名】*Rhododendron mariesii*

【别名】三叶杜鹃，照山红，红踯躅

【科属】杜鹃花科，杜鹃花属

【形态特征】落叶小乔木，高1m。叶3枚轮生枝顶，椭圆形。花2朵顶生，喇叭状，有紫、白、红、粉红、黄、橙红、橘红等色。蒴果有柔毛。变种较多：白花杜鹃、紫斑杜鹃、彩纹杜鹃等。

【园林应用】喜温暖湿润、通风良好的环境，耐半阴，喜酸性、肥沃、排水良好的壤土，忌碱性土。4～6月份春夏开季，开花时烂漫如锦，适宜作花境、花箱、花台、花篱、绿篱、草坪中心和四隅的花材。

47. 照山白

【学名】*Rhododendron micranthum*
【别名】白花杜鹃，毛白杜鹃，白镜子，达里，万斤，万经棵，小花杜鹃

【科属】杜鹃花科，杜鹃花属

【形态特征】落叶或半常绿灌木，常绿灌木，高1.5m，小枝细瘦，植体有褐色鳞片及柔毛。

叶散生，厚革质，倒披针形，全缘，先端钝尖，正面有灰白色鳞片，背面有棕色鳞片。

总状伞形花序顶生，小花簇生枝顶，先叶开放，小花多数白色或粉红色，有香气，花冠钟形，裂片5，雄蕊10，花柱无毛，短于雄蕊。蒴果圆柱形，暗褐色。

【园林应用】性喜阴，喜酸性土壤，耐干旱、耐寒、耐瘠薄。花期5～6月份，花期早而美丽，适宜庭院、公园观赏。

五、木犀科

48. 丁香花

【学名】*Syringa oblata*
【别名】百结，情客，紫丁香

【科属】木犀科，丁香属

【形态特征】落叶灌木或小乔木，圆球形树冠。单叶对生，卵圆形。圆锥花序，花白色、紫色，花冠筒状4裂，芳香。蒴果，椭圆形。同属还有白花丁香、红花丁香、紫花丁香、荷花丁香、小叶丁香、花叶丁香、四季丁香等。

【园林应用】喜阳光，稍耐阴，喜肥沃湿润土壤，耐旱，抗寒，忌积水。4月份开花，枝叶茂密，花美而香，适宜布置路边、庭院、草坪绿地、花境、花箱。

49. 迎春花

【学名】*Jasminum nudiflorum*

【别名】金腰带，金梅，迎春

【科属】木犀科，素馨属

【形态特征】落叶灌木，丛生状。枝条拱形绿色四棱。叶对生，三小叶复叶，卵形。花单生于叶腋，先叶开放，花萼齿状；花冠漏斗状5～6裂，有清香。花冠黄色，裂片波状。浆果双生，一个发育，椭圆形，成熟时蓝黑色。同属有：南迎春（素馨）常绿灌木，夏秋开花；探春，半常绿。

【园林应用】喜光，较耐旱、耐寒、耐碱。春天开花，满树金黄，生机盎然，适于花境、花台、花篱、绿篱栽植，也可盆栽装饰室内外。

50. 连翘

【学名】*Forsythia suspense*
【别名】黄寿丹，黄花杆，绶丹

【科属】木犀科，连翘属

【形态特征】落叶灌木，茎长2m，开展而拱垂，小枝褐色四棱，髓部中空。三小叶复叶，对生，椭圆状卵形，先端有粗锯齿。花先叶开放，金黄色，1～3朵生于叶腋，花冠漏斗状，裂片4，萼片与花冠筒等长。蒴果卵球形。品种有：金叶连翘、深黄连翘。变种有：三叶连翘，长枝上的小叶三枚或三裂，花瓣窄，裂片扭曲；垂枝连翘，分枝细而下垂，常匍匐地面，枝梢生根，花常单生，花冠的裂片较宽而扁平。

【园林应用】喜光，耐阴，耐寒，能耐干旱和瘠薄，怕涝。4～9月份两次开花，花色艳丽，配植草坪、花境、花台，特别是作绿篱、盆景等。

51. 金钟花

【学名】*Forsythia viridissima*
【别名】土连翘，黄金条

【科属】木犀科，连翘属

【形态特征】落叶灌木，茎高3m，棕褐色，四棱形，皮孔明显，枝条髓部有片状髓隔。

单叶，披针形，上半部有粗锯齿，中脉和侧脉在上面凹入，下面凸起。花先叶开放，花萼裂片绿色具睫毛；花冠深黄色，裂片4反卷，内面基部具橘黄色条纹。蒴果卵形，有皮孔。

【园林应用】喜光，耐半阴，耐旱，耐寒，忌湿涝。3～4月份开花，金黄灿烂，可丛植于草坪、墙隅、路边、树缘、院内庭前等。

六、木兰科

52. 白玉兰

【学名】*Magnolia denudata*

【别名】木兰，玉兰花，应春花，玉堂春，望春

【科属】木兰科，木兰属

【形态特征】落叶乔木，高20m，树冠宽阔，树皮深灰色，幼枝和芽有绒毛。叶互生，纸质，倒卵状椭圆形，全缘，先端叶柄和叶脉被柔毛。花先叶开放，花蕾卵圆形，花冠直立杯状，白色，芳香，花被片9；花丝紫红色，花梗膨大，密被绢毛。聚合果柱形，褐色，种子红色。

【园林应用】喜光，较耐寒，耐干燥，忌低湿。花期2～3月份，盛开时花瓣展向四方，适宜庭院、公园、小区环境绿化美化。

53. 紫玉兰

【学名】*Magnolia liliflora*

【别名】辛夷，木笔

【科属】木兰科，木兰属

【形态特征】落叶灌木，高达3m，树皮灰褐色，小枝绿紫色。叶互生，革质，椭圆状倒卵形，背面沿脉有短柔毛，先端锐尖。花叶同放，或先花后叶，花蕾卵圆形，被绢毛；萼片3绿色；花瓣6，外面淡紫色，内面近白色。外轮花被片绿色，早落，内轮花被片紫红色；雄蕊紫红色；雌蕊群淡紫色。聚合果深紫褐色。变种：狭叶紫玉兰，叶狭，植株矮；深紫玉兰，花瓣多，深紫色；二乔玉兰，花钟形，上部白色，基部紫红色。

【园林应用】喜温暖湿润和阳光充足环境，较耐寒，不耐旱和盐碱，怕水淹。花期3～4月份，花叶同时开放，花色艳丽，芳香淡雅，适宜孤植、丛植，是优良的庭园、街道绿化花木。

54. 马褂木

【学名】*Liriodendron chinense*
【别名】鹅掌楸

【科属】木兰科，鹅掌楸属

【形态特征】落叶乔木，小枝灰褐色。叶马褂状，下面苍白色，先端平截，或微微凹入，而两侧则有深深的两个裂片，极像马褂。花杯状，花被片9，外面绿色，具黄色纵条纹。聚合果，翅状小坚果，先端钝。

【园林应用】喜温暖湿润气候，稍耐阴，不耐水湿。花期5月份，叶形奇特美观，是庭园、公园、城镇绿化的珍贵观赏树种，亦可作行道树。

七、山茱萸科

55. 山茱萸

【学名】*Cornus officinalis*
【别名】肉枣，萸肉，药枣，天木籽，实枣儿

【科属】山茱萸科，山茱萸属

【形态特征】落叶乔木或灌木，树皮灰褐色；小枝细圆柱形，无毛。叶对生，纸质，全缘，叶柄细，上面有浅沟。伞形花序，总苞片卵形，带紫色；花萼阔三角形；花瓣小，舌状黄色，向外反卷。核果长椭圆形，红色。

【园林应用】喜光，抗寒，较耐阴，耐湿，花期3～4月份，果期9～10月份，先花后叶，秋季红果累累，为秋冬观果佳品，应用于公园、庭园、花坛、片植，或盆栽观果。

56. 四照花

【学名】*Dendrobenthamia japonica*

【别名】石枣，羊梅，山荔枝

【科属】山茱萸科，山茱萸属

【形态特征】落叶小乔木或灌木，高5m，小枝灰褐色。

叶对生，纸质，卵形先端尾状尖，表面绿色，背面粉绿色。

头状花序顶生，小花20～30朵；总苞4片似花瓣，黄白色。聚合果球形，由绿变红色。

品种有：红苞四照花、花叶四照花、黄果四照花等。

【园林应用】喜湿润排水良好土壤，耐寒，花期5～6月份，树形美观，是美丽的观花、观果树种，可孤植、列植于公园、庭院、路边。

57. 红瑞木

【学名】*Swida alba*

【别名】凉子木，红瑞山茱萸

【科属】山茱萸科，山茱萸属

【形态特征】落叶灌木，高达2m，幼枝有柔毛，枝干皮红色。叶对生，纸质，椭圆形，全缘或波状反卷，被柔毛，中脉在上面微凹陷，下面凸起。聚伞花序，顶生，总花梗被白色短柔毛；花瓣4，卵状椭圆形，黄白色，花柱突显；萼片4裂，被短柔毛。核果圆球形，白色，花柱宿存。

【园林应用】喜肥、排水通畅、养分充足的环境，极耐寒。花期5～7月份，秋叶鲜红，小果洁白，落叶后枝干红艳，是优良的观茎植物和切花材料。

八、蜡梅科

58. 蜡梅

【学名】*Chimonanthus praecox*

【别名】黄梅花，干枝梅，腊梅，香梅，雪里花，香木

【科属】蜡梅科，蜡梅属

【形态特征】落叶或半常绿灌木，丛生状，小枝四棱，根颈处易生旺盛的蘖枝。单叶对生，卵状披针形，近革质，全缘，表面绿色而粗糙，背面灰色而光滑。花单生，蜡黄色，浓香，稍有光泽，似蜡质。果卵形有毛。变种有：素心蜡梅、小花蜡梅、山蜡梅、柳叶蜡梅等。

【园林应用】喜光，稍耐荫，耐寒，耐旱，忌水湿，怕风。花期1～3月份，是冬季观赏花木，适宜孤植、对植、丛植，制作花池、花台、花境等。

59. 夏蜡梅

【学名】*Calycanthus chinensis*
【别名】夏腊梅，黄梅花，蜡木，大叶柴，牡丹木，夏梅

【科属】腊梅科，夏蜡梅属
【形态特征】落叶灌木，高3m，树皮灰褐色，皮孔凸起，小枝对生，芽藏于叶柄基内部。叶对生，膜质，宽卵状椭圆形，基部歪斜，叶缘有细齿，叶面有光泽。花单生，花托坛状，外花被片倒卵形，白色，有脉纹；内花被片直立，顶端内弯，淡黄色。瘦果长圆形，有绢毛。

【园林应用】喜温暖湿润气候，耐阴，花期5月份，花形奇特，色彩淡雅，可孤植、丛植或配植在建筑物背光处，也可盆栽观赏。

九、锦葵科

60. 木槿

【学名】*Hibiscus syriacus*

【别名】木棉，障篱花，喇叭花，朝开暮落花

【科属】锦葵科，木槿属

【形态特征】落叶灌木或小乔木，高2m。单叶互生，菱状形，边缘有3裂。花单生叶腋，钟状，花瓣有紫、红、白等多种颜色，花朵有单瓣和重瓣。蒴果卵圆形。品种有：重瓣白花木槿、重瓣紫花木槿等。

【园林应用】喜光，喜温暖湿润的气候，耐半阴，耐干燥、贫瘠，抗寒，抗烟尘。6～9月份，夏秋花开满树，娇艳夺目，适宜配植花篱、树丛、花台、花境。

61. 木芙蓉

【学名】*Hibiscus mutabilis*

【别名】芙蓉花，醉芙蓉，拒霜花，木莲，地芙蓉，华木，三变花，九头花

【科属】锦葵科，木槿属

【形态特征】落叶灌木或小乔木，高4m，植体密生柔毛。叶卵圆状心形，掌状5～7裂，边缘有钝齿。花形大而美丽，生于枝梢，单瓣或重瓣，钟形，花白色或粉红色。蒴果扁球形，有黄色毛。

【园林应用】喜阳光温暖湿润的气候，微耐阴，不耐寒。花期8～10月份，是深秋主要的观花树种，开花时一日三变，花色丰富，适宜作花篱、花境。

十、金缕梅科

62. 金缕梅
【学名】*Hamamelis mollis*
【别名】木里仙，牛踏果，欧洲榛子

【科属】金缕梅科，金缕梅属

【形态特征】落叶灌木或小乔木，植体有星状短柔毛，裸芽有柄。叶互生，宽倒卵形，顶端急尖，基部心脏形不对称，边缘有波状齿，表面粗糙，被面有密生绒毛，有半圆形托叶。穗状花序短，腋生数朵金黄色小花，花两性，有香味，花瓣四片线性。蒴果两裂。同属有：红花金缕梅，叶圆形，花红色。

【园林应用】喜光，耐半阴，喜温暖湿润气候，较耐寒。常年花开芳香可贵，叶形美丽，尤以早春开花，是早春重要的观花树木，适宜庭院绿化，也是盆景和切花的好材料。

63. 蜡瓣花

【学名】*Corylopsis sinensis*
【别名】中华蜡瓣花

【科属】金缕梅科，金缕梅属

【形态特征】落叶灌木或小乔木，高2～5m，植体有星状毛。叶互生，薄革质，倒卵圆形，基部心形，有锐锯齿，上面绿色，下面灰绿色，托叶窄长。总状花序，花钟形，下垂，黄色，有芳香；雄蕊比花瓣略短，花柱比花瓣略长，萼齿5，卵形；花瓣5，匙形；雄蕊5，花柱2。蒴果卵圆形，有星毛。

【园林应用】喜阳光，也耐阴，较耐寒。早春开花，花先叶开放，光泽如蜜蜡，色黄具芳香，适于庭园配植，也可盆栽观赏。

十一、马鞭草科

64. 紫珠

【学名】*Callicarpa bodinieri*
【别名】珍珠枫，白棠子树，紫荆，紫珠草，止血草

【科属】马鞭草科，紫珠属

【形态特征】落叶灌木，小枝光滑，略带紫红色，叶柄和花序有星状毛。单叶对生，叶片长椭圆形，边缘有细锯齿，两面密生暗红色粒状腺点。聚伞花序腋生，具总梗，小花多数，花蕾紫红色，花冠紫色、白、粉红、淡紫色等，被星状毛；花萼有暗红色腺点。果实球形，熟时紫色。

【园林应用】喜温暖湿润环境，怕风、怕旱。花期6～7月份，果实球形，9～10月份成熟后呈紫色，经冬不落，珠圆玉润，犹如一颗颗紫色的珍珠，是观花、赏果的优良花木。

65. 臭牡丹

【学名】*Clerodendrum bungei*
【别名】大红袍，臭八宝，矮童子，野朱桐，臭枫草，臭珠桐

【科属】马鞭草科，大青属

【形态特征】灌木，高1～2m，植株有臭味，皮孔显著。叶对生，叶片纸质，卵形，有锯齿，有短柔毛和腺点，基部脉腋有盘状腺体。聚伞花序，顶生，密集；苞片叶状，披针形；花萼钟状被短柔毛及少数盘状腺体；花冠淡红色、红色或紫红色，花冠管长2～3cm，雄蕊及花柱均突出花冠外。核果近球形，成熟时蓝黑色。

【园林应用】喜温暖潮湿、半阴环境。花果期5～11月份，叶色浓绿，花朵优美，花期长，是美丽的园林花卉，适宜种植园林坡地、林下或树丛旁。

66. 海州常山

【学名】*Clerodendrum trichotomum*
【别名】臭梧桐，八角梧桐

【科属】马鞭草科，赪桐属

【形态特征】落叶灌木或小乔木，高3m，嫩枝近四棱形，内有隔状髓片，被柔毛。单叶对生，卵形至椭圆形，全缘或有微波状齿。伞房状聚伞花序，花序轴有柔毛，花萼紫红色，5深裂；花冠筒细长，白色或带粉红色，顶端5裂，雄蕊长，伸出花冠外。果球形，熟时蓝紫色。

【园林应用】喜光、稍耐阴，较耐旱，耐盐碱，耐寒，忌积水。8～10月份开花，花形奇特，花期长，果实鲜艳，是优良的观花、观果树种，宜配置于庭院、公园、山坡、水边、堤岸、悬崖、石隙及林下。

十二、虎耳草科

67. 阴绣球

【学名】*Hydrangea macrophylla*
【别名】粉团花，八仙花，紫阳花绣球

【科属】虎耳草科，八仙花属

【形态特征】落叶灌木，高3m，树冠球形，小枝粗壮，皮孔明显。单叶对生，倒卵形或椭圆形，边缘有粗锯齿，先端尾尖，叶面鲜绿色，叶背黄绿色。伞房花序顶生，球形，花形大，由多数不孕花组成，花瓣长圆形，初时白色，渐变为蓝色或粉红色，萼筒倒圆锥状。蒴果陀螺状。

品种有：蓝边八仙花、大八仙花、银边八仙花、紫茎八仙花、紫阳花。同属还有：蔓性八仙花、东陵八仙花、圆锥八仙花等。

【园林应用】喜温暖湿润环境，耐寒性差。花期6～8月份，开花时，花团锦簇，多彩多变，适宜配植庭园阴处、林下、林缘及建筑物北面，也可盆栽装饰室内外。

68. 溲疏

【学名】*Deutzia scabra*
【别名】空疏，巨骨，空木，卵花

【科属】虎耳草科，溲疏属

【形态特征】落叶灌木，高达3m，树皮成薄片状剥落；小枝中空，红褐色，有星状毛。叶对生，卵状披针形，边缘有小锯齿，两面有星状毛。圆锥花序直立，花白色或带粉红色斑点；萼筒钟状，花瓣5，花瓣长圆形，外面有星状毛。蒴果近球形。品种较多：重瓣溲疏，花蕾外有红晕，花重瓣；壮丽溲疏，花重瓣，纯白色；大花溲疏，花朵聚伞状；冰生溲疏，叶亮绿色，秋季为红色，白花，故名雪球。

【园林应用】喜光，喜温暖湿润气候，稍耐阴，耐寒、耐旱。花期5～6月份，初夏白花满树，洁净素雅，配植草坪、建筑、林缘、山石旁非常雅致。

十三、毛茛科

69. 牡丹

【学名】*paeonia suffruticosa*

【别名】木芍药，洛阳花，富贵花，国色天香，花王，鹿韭，白术，两百金

【科属】毛茛科，芍药属

【形态特征】落叶小灌木，高1m左右，丛生状。羽状复叶，互生，小叶3～5裂，嫩叶紫色，叶柄长，向阳面紫色。花大顶生，有单瓣、重瓣，花色有红、白、黄、粉红、墨紫等色。蓇葖果，密生柔毛。同属有：黄牡丹、紫牡丹。

【园林应用】喜光，耐寒，畏热，耐干燥，耐阴，忌盐碱土。4～5月份开花，花大色艳，富丽堂皇，素有"国色天香"之美称，在园林中适宜孤植、丛植于花台、花境、假山或园路旁。

十四、大戟科

70. 山麻杆

【学名】*Alchornea davidii*

【别名】桂圆树，红荷叶，狗尾巴树，桐花杆

【科属】大戟科 山麻杆属

【形态特征】落叶灌木，高2m，茎干直立，少分枝，茎皮常呈紫红色，嫩枝有绒毛。单叶互生，薄纸质，近圆形，具粗锯齿，幼叶鲜红色，基部具腺体。茉莨花序，花单性同株，雄花短穗状；雌花总状，萼片4裂、紫色，无花瓣。蒴果球形3棱，密生短柔毛。

【园林应用】喜光照、温暖湿润的气候环境，稍耐阴，不抗旱，不耐寒。花期3～4月份，早春嫩叶红色，冬季茎皮紫红，是良好的观茎、观叶树种，适宜丛植路边、山坡、水边。

十五、千屈菜科

71. 紫薇

【学名】*Lagerstroemia indica*
【别名】痒痒树，百日红，满堂红，无皮树

【科属】千屈菜科，紫薇属

【形态特征】落叶乔木或灌木，椭圆形树冠。单叶对生，叶椭圆形。圆锥花序顶生，花瓣多皱纹，有白、红、淡红、淡紫、深红等色。花开烂漫如火，夏秋经久不衰，故又名"百日红"。蒴果球形。

栽培种还有：紫薇，花大，由粉红色变紫色；银薇，花白色；翠薇，花紫色；赤薇，花红色。

【园林应用】喜温暖湿润气候，喜光又稍耐阴，耐旱、耐寒，怕涝。7～10月份开花，花期长，花色烂漫，适宜庭园建筑物前、池畔、路旁、草坪边缘、花台、花境栽植。

十六、安石榴科

72. 花石榴
【学名】*Punica granatum*
【别名】海石榴，安石榴，榭榴，若榴，山力叶

【科属】安石榴科，石榴属

【形态特征】落叶灌木或小乔木，树冠椭圆形。叶对生，倒卵形，全缘。花顶生，有红、黄、白、粉红等多种色彩。果实球形，红黄色，顶端有宿萼。品种有果石榴、花石榴、小石榴，还有四季石榴，常年开花不断。

【园林应用】喜光，喜温暖，耐瘠薄干旱，适生含石灰质土壤中。花期5～9月份，果实8～9月份成熟，树干健壮古朴，枝叶浓密，在园林中植于阶前、庭间、草坪外缘。小型石榴树适于盆栽装饰室内外。

十七、槭树科

73. 红枫

【学名】*Acer palmatum*
【别名】鸡爪槭

【科属】槭树科，槭树属

【形态特征】落叶小乔木，树冠扁圆形或伞形，小枝紫色细瘦。叶对生，掌状或七裂，基部心脏形，重锯齿。伞房花序，小花紫红色。翅果幼时紫红色。变种有：红枫，紫红叶鸡爪槭；黄枫，金叶鸡爪槭；羽毛枫，细叶鸡爪槭；红叶羽毛枫，深红细叶鸡爪槭等。

【园林应用】喜阴、湿润，耐寒，怕涝。嫩叶青绿，秋叶红艳，翅果幼时紫红，熟后变黄，是珍贵的观叶树种。适宜园林溪边、池畔、粉墙前，也是盆景、花台、瓶插的好材料。

十八、无患子科

74. 栾树

【学名】*Koelreuteria paniculata*

【别名】摇钱树，灯笼果，木栏芽，灯笼树

【科属】无患子科，栾树属

【形态特征】栾树为落叶乔木，树皮纵裂，树冠伞形。羽状复叶，在枝条上对生，叶缘有锯齿，有时有二回羽状复叶。大型圆锥花序，着生在枝条的顶端，花的颜色为黄色。蒴果，灯笼型，中空，外有三片果皮包裹，形如小灯笼，其色彩由黄逐渐变成红，悬挂满树。同属有：黄山栾树，树皮块状剥落，小叶全缘。

【园林应用】喜光，耐半阴，耐寒，耐干旱瘠薄，也能耐盐渍及短期涝害。6～7月份开花，树形端正，春季嫩叶红色，花果期富有观赏性，是优良的园林绿化树种。

十九、小檗科

75. 红叶小檗

【学名】*Berberis thunbergii*
【别名】小檗，紫叶小檗

【科属】小檗科，小檗属

【形态特征】落叶多枝灌木，幼枝紫红色。小枝褐色，有刺。叶菱形或椭圆形，全缘，终年红色或紫红色。夏季叶色紫红，艳丽可爱。花单生，短总状花序，黄色，下垂，花瓣边缘有红色纹晕。浆果红色。

【园林应用】喜阳光、湿润凉爽的环境，稍耐阴，耐寒，耐旱，耐瘠薄。5～6月份开花，果熟9～10月份，是叶、花、果俱美的观赏花木，适宜布置花坛、花境，或组合地被色块，也是盆栽、切花的好材料。

二十、杨柳科

76. 银芽柳

【学名】*Salix gracilistyla*
【别名】棉花柳

【科属】杨柳科，柳属
【形态特征】落叶灌木，小枝红褐色，冬芽绒球状，黄褐色。叶椭圆状卵形，上面深绿色，下面灰色，有柔毛，有锯齿，托叶心形。柔荑花序，先叶开花，雄蕊2，花药红色或红黄色，花丝合生；苞片椭圆状披针形，先端急尖，上部黑色，密生长毛；腺体腹生，细长，红黄色。蒴果被密毛。

【园林应用】喜光，也耐阴，耐湿，耐寒，花期4月份，在园林中常配植于池畔、河岸、湖滨、堤防绿化，也是冬季切花的好材料。

二十一、茜草科

77. 细叶水团花

【学名】*Adina rubella*
【别名】水杨梅，水杨柳

【科属】茜草科，水团花属

【形态特征】落叶小灌木，株高1.5m左右，树干苍老，枝条细长，树皮灰白色。叶对生，卵状披针形，翠绿色，新叶带有红晕。头状花序，小花褐色。蒴果长卵状楔形。

【园林应用】喜光，好湿润，较耐寒，耐水淹，耐冲击，畏炎热干旱。6～7月份开花，球花紫红，伸满长蕊，奇丽夺目。适用于池畔、塘边配植，或作花境、绿篱。

二十二、夹竹桃科

78. 鸡蛋花

【学名】*Plumeria rubra*
【别名】缅栀子，蛋黄花，印度素馨，大季花

【科属】夹竹桃科，鸡蛋花属

【形态特征】落叶灌木或小乔木，枝条粗壮带肉质，具乳汁。叶大长椭圆形，厚纸质，聚生于枝顶，中脉在上面凹下，在背面凸起，有边脉，叶柄具腺体。聚伞花序顶生，总花梗三歧；花冠筒状，5裂，基部向左覆盖，淡红色，中心鲜黄色，芳香。蓇葖圆筒形，绿色。

【园林应用】喜高温、湿润和阳光充足的环境，耐半阴，耐干旱，忌涝渍。5～10月份开花，开花时清香优雅，落叶后树干弯曲自然，适合庭院、草地栽植，也可盆栽。

二十三、瑞香科

79. 结香
【学名】*Edgeworthia chrysantha*
【别名】打结花，打结树，黄瑞香，家香，喜花，梦冬花

【科属】瑞香科，结香属

【形态特征】落叶灌木，高1m，小枝褐色粗壮，三叉分枝，幼枝有短柔毛，韧皮极坚韧。叶在花前凋落，长圆形至倒披针形，先端短尖，基部楔形，有柔毛。头状花序，小花芳香，30～50朵组成球状，花序梗有长硬毛；花萼外面密被白色丝状毛；花黄色，4裂。果椭圆形，顶端被毛。

【园林应用】喜半阴、湿润，喜温暖气候，极耐寒。花期冬末春初，果期春夏间，适宜庭园、公园、路旁、水边、石间、墙隅，或盆栽观赏。

二十四、柽柳科

80. 柽柳

【学名】*Tamarix chinensis*
【别名】垂丝柳，西河柳，红柳，阴柳

【科属】萝藦科，柽柳

【形态特征】落叶小乔木，高5m，老枝直立褐红色，光亮；幼枝细弱下垂，紫红色。叶小，披针形，鲜绿色，背面有龙骨状隆起。总状圆锥花序，顶生，总花梗短，苞片线状长圆形；花瓣5，粉红色。蒴果圆锥形。

【园林应用】喜光，耐高温和严寒，耐干旱、水湿，抗风又耐碱土，不耐遮阴。夏、秋季开花，枝条细柔，姿态婆娑，适于池畔、桥头、堤防绿化，是干旱沙漠和滨海地区绿化的优良树种。

二十五、木棉科

81. 木棉

【学名】*Bombax malabaricum*

【别名】红棉，攀枝花，英雄树，斑芝树，莫连，红茉莉，莫连花

【科属】木棉科，木棉属

【形态特征】热带落叶大乔木，高达25m，树干基部有瘤刺，树皮灰白色，分枝平展。掌状复叶，小叶5～7片，圆状披针形，顶端渐尖，基部阔或渐狭，全缘，托叶小。花单生，先花后叶，萼杯状；花瓣肉质，长圆形，橙红色，有星状柔毛；雄蕊5束，花柱长于雄蕊。蒴果圆球形，种子被有棉絮毛。

【园林应用】适宜热带及亚热带地区生长，喜温暖干燥和阳光充足环境，稍耐湿，不耐寒，忌积水，抗污染、抗风力强。3～4月份开花，树形高大雄伟，春季红花盛开，是优良的行道树、庭荫树和风景树。

二十六、卫矛科

82. 金丝吊蝴蝶

【学名】*Euonymus schensianus*

【别名】陕西卫矛，摇钱树，金丝系蝴蝶，金蝴蝶，大叶卫茅

【科属】卫矛科，卫矛属

【形态特征】落叶灌木或小乔木，高2m，小枝灰褐色稍下垂，光滑。叶对生，线状披针形，薄纸质，先端渐尖，基部阔楔形，边缘有纤毛状细齿。聚伞花序，花梗柔长，花梗顶端有5数分枝；花瓣稍带红色。蒴果下垂，有4翅，红色。

【园林应用】喜光，稍耐阴，耐干旱，也耐水湿。花期4月份，果期5～10月份，是优良的观果树种，可作庭院观赏树种，或作盆景。

第三章 一二年生草本花卉

一、菊科

1. 万寿菊

【学名】*Tagetes erecta*
【别名】臭芙蓉，万寿灯

【科属】菊科，万寿菊属

【形态特征】一年生花卉，株高80cm，茎粗壮有沟槽，多分枝。叶对生，羽状叶，全裂，裂片披针形，叶缘有锯齿、腺点，有臭味。头状花序单生，花梗顶端膨大，花大，花径10cm，花色有淡黄、柠檬黄、金黄、橙黄至橙红，还有心部呈黑褐色品种。瘦果黑色。

【园林应用】喜温暖、阳光充足的环境，抗性强，耐寒。花期6～10月份，花重瓣大而美丽，花期较长，常用于花坛、花境，或盆栽，也是较好的切花材料。

2. 孔雀草

【学名】*Tagetes patula*

【别名】红黄草，藤菊，杨梅菊，臭菊，小万寿菊

【科属】菊科，万寿菊属

【形态特征】一年生花卉，株高40cm，植体光滑。叶羽状分裂，小叶片廋长披针形，边缘有锯齿。头状花序顶生，苞片钟状；花形小而多，有红褐色、黄褐色、淡黄色、杂紫红色斑点等。瘦果。

【园林应用】性喜阳光，耐半阴。3～5月份或8～12月份开花，植株矮小，花朵丰富，可作花坛、花境、花箱、草坪地被镶边等，也适宜盆栽或切花使用。

3. 金盏菊

【学名】*Calendula officinalis*

【别名】金盏花，黄金盏，长生菊，醒酒花，常春花，金盏

【科属】菊科，金盏菊属

【形态特征】一、二年生草本，茎直立，高50cm，多分枝，全株有柔毛。单叶互生，全缘，茎的上部叶长椭圆形；下部叶匙形。头状花序，顶生，花形大，舌状花平展，橘黄色；筒状花黄色或褐色。瘦果，船形。栽培品种多：重瓣、卷瓣、绿心、深紫色花心等。

【园林应用】喜阳光和阴凉环境，耐瘠薄干旱土壤，耐寒，怕炎热天气。花期7～12月份，花开时像一盏盏金色的盘子，适宜花坛、花境、花箱的配置，也是插花的好材料。

4. 雏菊

【学名】 *Bellis perennis*

【别名】春菊，马兰头花，延命菊，五月份菊

【科属】菊科，雏菊属

【形态特征】多年生葶状草本花卉，常作一二年栽培，高10cm左右。叶基生，匙形，顶端圆钝，基部渐狭，有疏钝齿或波状齿。头状花序单生，花葶被毛，花朵半球形，有红色、玫红色和白色，并镶有金黄色的花蕊。瘦果。

【园林应用】性喜光，也耐半阴，喜冷凉气候，忌炎热。3～6月份开花，花期长，高矮适中，花朵整齐，是春季花坛、花境、花箱、切花的好材料。

5. 矢车菊

【学名】*Centaurea cyanus*
【别名】蓝芙蓉，翠兰，荔枝菊

【科属】菊科，矢车菊属

【形态特征】一二年生草本植物，高达50cm，直立，茎枝灰白色有卷毛。叶互生，长条形，全缘，基部叶有分裂。头状花序顶生，盘花蓝色、白色、红色或紫色。瘦果椭圆形。

【园林应用】性喜阳光充足，冷凉，较耐寒，忌炎热，不耐阴湿和酷热。2～8月份开花，株型飘逸，花态优美，适于作花坛及花境，也可切花，布置花箱和草地镶边。

6. 藿香蓟

【学名】*Ageratum conyzoides*

【别名】胜红蓟，一枝香

【科属】菊科，藿香蓟属

【形态特征】多年生草本，常作一年栽培，高50cm左右，茎淡红色，被柔毛。叶对生，三角状卵形，基部三出脉，边缘有锯齿。头状花形成伞房状花序，顶生，管状花冠5裂，淡紫色。瘦果黑褐色。

【园林应用】性喜阳光充足，温暖湿润或半燥的气候环境，不耐寒。花期7～9月份，株丛繁茂，花色淡雅，常用来配置花坛、花境、花箱、地被、缀花草坪等。

7. 瓜叶菊

【学名】*Pericallis hybrida*

【别名】富贵菊，黄瓜花

【科属】菊科，瓜叶菊属

【形态特征】多年生草本花卉，常作一二年生栽培，高40cm左右。叶片大，形如瓜叶，绿色光亮，叶缘波状，有细锯齿。头状花序，组合伞房状，整体花序密集覆盖于枝顶形成半球形，花色丰富。瘦果长圆形。

【园林应用】性喜光，喜温暖湿润、通风良好的环境，怕寒。花期1～4月份，花期早，花色鲜艳丰富，开花整齐，花形丰满，可作各种环境栽植，特别是盆栽装点室内。

8. 百日草

【学名】*Zinnia elegans*

【别名】步步高，节节高，对叶梅，五色梅

【科属】菊科，百日草属

【形态特征】一年生草本植物，茎直立、粗壮，被短毛。叶对生，长椭圆形，全缘，叶基抱茎。头状花序，单生枝端，花梗长；舌状花多轮，花瓣倒卵形，有白、绿、黄、粉红、橙等色；管状花黄橙色，边缘分裂。瘦果，卵形。品种类型很多：大花重瓣型、纽扣型、鸵羽型、大丽花型、斑纹型、低矮型等。

【园林应用】性喜温暖阳光充足，耐瘠薄，耐干旱，不耐寒，怕酷暑。花期6～10月份，花期长，适宜用于花坛、花境、花带，也可作盆栽和切花。

9. 金鸡菊

【学名】*Coreopsis drummondii*

【别名】基生金鸡菊，小波斯菊，金钱菊，孔雀菊

【科属】菊科，金鸡菊属

【形态特征】一年生草本，高40cm，分枝展开。叶多对生，1～2回羽状分裂，小叶全缘，上部小叶条形。头状花序，顶生，花梗长，总苞片内外两列，基部合生；舌状花黄色；管状花黄色至褐色。瘦果椭圆形，黑色。同属有狭叶金鸡菊、重瓣金鸡菊、大花金鸡菊等。

【园林应用】喜光，耐半阴，耐旱，不耐酷热，不耐寒。春夏之间开花，花大色艳，常开不绝，枝叶密集，是极好的花境、疏林地被、屋顶绿化的好材料。

10. 蛇目菊

【学名】*Sanvitalia procumbens* Lam

【别名】双色金鸡菊

【科属】菊科，金鸡菊属

【形态特征】一年生草本，高0.5m，植体无毛，上部多分枝。叶对生，二次羽状分裂，裂片线形；下部叶有长柄，上部叶无柄。头状花形成伞房状花序，花序梗长，总苞半球形；舌状花黄色，基部深褐色；管状花红褐色。瘦果纺锤形，顶端有芒。

【园林应用】性喜阳光充足，凉爽季节，耐寒力强，耐干旱。花期5～9月份，花丛疏散轻盈，花朵繁茂，适宜成片栽植作地被和作花境，也可作切花使用。

11. 匍匐蛇目菊

【学名】*Sanvitalia procumbens*

【别名】小波斯菊，金钱菊，孔雀菊

【科属】菊科，蛇目菊属

【形态特征】一年生草本，茎被毛，匍匐性。单叶对生，宽卵形，全缘，被有短毛，3叶脉明显，叶基包茎。头状花序，单生枝顶，总苞片有毛；舌状花黄色或橙黄色；中盘两性花暗紫色，雌花约10～12个，托片长披针形，黄色。瘦果，三棱形，有芒。

【园林应用】性喜阳光充足、凉爽环境，耐寒，耐干旱，耐瘠薄。6～9月份开花，花朵繁多，适宜花带、花境使用，美化庭院环境，也可切花，制作花束，或插花装饰室内。

12. 天人菊

【学名】*Gaillardia pulchella*
【别名】虎皮菊，老虎皮菊，忠心菊，六月菊

【科属】菊科，天人菊属

【形态特征】一年生草本，高40cm左右，茎中部以上多分枝，植体被短柔毛。叶互生，倒披针形，边缘波状齿，先端急尖，叶两面被伏毛。头状花序，总苞片披针形；舌状花黄色，基部带紫红色，先端3裂齿；管状花裂片芒状。瘦果，基部有柔毛。

【园林应用】喜高温干燥和阳光充足的环境，抗风，抗潮，也耐半阴。花果期6～9月份，花姿娇娆，色彩艳丽，花期长，是花坛、花境、花箱、花丛的好材料，是固沙草本植物。

13. 翠菊

【学名】*Callistephus chinensis*
【别名】江西腊，七月菊，格桑花

【科属】菊科，翠菊属

【形态特征】一二年生草本，茎直立，有纵棱，被糙毛。单叶互生，卵形，边缘有粗锯齿，叶有稀疏的短硬毛。头状花序，顶生，花序梗长，总苞半球形；舌状花瓣白、淡黄、粉红、淡蓝、紫色；心部的盘花黄色。瘦果长椭圆形。

【园林应用】喜温暖、通风、湿润和阳光充足环境，稍耐寒和半荫，不耐酷热。5～10月份开花，类型丰富，花期长，色鲜艳，适合盆栽、插花和配置花坛、花境。

14. 黄晶菊 【学名】*Chrysanthemum multicaule*

【科属】菊科，茼蒿菊属

【形态特征】一二年生草本，株高20～30cm，茎半匍匐性状。叶互生，肉质，叶形长条匙状，羽状深裂。头状花序顶生，花金黄色，边缘为扁平舌状花，中央为筒状花。瘦果。

【园林应用】喜温暖湿润和阳光充足的环境，较耐寒，耐半阴。冬末至初夏开花，开花茂密，色泽艳丽，耀眼别致，花期极长，适合花坛、花境种植观赏。

15. 白晶菊

【学名】*Mauranthemum paludosum*
【别名】晶晶菊

【科属】菊科，茼蒿属

【形态特征】一二年生草本花卉，株高25cm。

叶互生，一至两回羽状深裂。

头状花序盘状，顶生，外围边缘舌状花是银白色，中央筒状花金黄色，色彩分明。瘦果。

【园林应用】喜阳光充足、凉爽的环境，耐寒，不耐高温。3～5月份开花，低矮而强健，多花茂密，花期早，花期长，适合盆栽、花坛、地被栽种。

16. 黄帝菊

【学名】*Melampodium paludosum*

【别名】美兰菊，帝王菊

【科属】菊科，腊菊属

【形态特征】一二年生草本，茎直立，二歧分叉，分叉点处抽生花梗，株型紧凑。叶对生，阔披针形，下缘具疏锯齿，先端渐尖。头状花序，顶生，总苞黄褐色，半球状，周边舌状花金黄色，中央管状花黄褐色。瘦果。

【园林应用】喜温暖、阳光充足的环境，耐高温干旱，稍耐阴，忌积水。春至秋季开花，花多繁盛，开花不绝，适于作花境、花坛布置，盆栽种植。

17. 麦秆菊

【学名】*Helichrysum bracteatum*
【别名】腊菊，贝细工

【科属】菊科，腊菊属

【形态特征】一年生草本，茎直立，株高60cm，多分枝，全株具微毛。叶互生，长椭圆状披针形，全缘、叶柄短。头状花序，顶生，总苞片多层，外层膜质，干燥，具光泽，形似花瓣，有白、粉、橙、红、黄等色；花盘中心管状花黄色。瘦果无毛。

【园林应用】喜阳光，不耐寒，怕暑热。花期7～9月份，晴天花开放，雨天及夜间关闭，可布置花坛、花境，或在林缘自然丛植，适宜制作干花。

18. 波斯菊

【学名】*Cosmos bipinnata*

【别名】非洲菊，秋英，秋樱，扫帚梅，格桑花

【科属】菊科，秋英属

【形态特征】一年生草本，高1m，茎纤细分枝多，基部有不定根。叶互生，二次羽状深裂，裂片线形。头状花序顶生，花序梗较长；苞片披针形；托片丝状；舌状花瓣顶端有3裂，紫红色、粉红色、白色；中心管状花黄色。瘦果黑紫色，上端具长喙。

变种有：白花波斯菊、大花波斯菊、紫花波斯菊等。

【园林应用】喜温暖湿润环境，耐瘠薄，不耐寒，怕酷热和积水。花期7～10月份，叶形雅致，花色丰富，适于布置花境和草地边缘，可作切花材料。

19. 黄花波斯菊

【学名】*Cosmos sulphureus*
【别名】黄秋英，硫华菊，硫黄菊，黄
　　　芙蓉

【科属】菊科，秋英属

【形态特征】一年生草本植物，多分枝。叶对生，二回羽状复叶，深裂，裂片呈披针形，有短尖，叶缘粗糙，叶片宽。头状花序，苞片绿色、披针形；舌状花瓣顶端有3齿裂，有单瓣和重瓣两种，颜色为黄、金黄、橙色、橙红色；中心管状花黄色，褐色。瘦果褐色，有糙毛。

【园林应用】喜阳光充足，耐干旱瘠薄土壤，忌大风，不耐寒，忌酷热。春播花期7～9月份，夏播花期9～10月份，花大、色艳，宜花台、花坛、花境栽植，或配植草坪、林缘。

20. 金光菊

【学名】*Rudbeckia laciniata*

【别名】太阳菊，黑眼菊，黄菊，假向日葵，金花菊，九江西番莲

【科属】菊科，金光菊属

【形态特征】多年生草本，常作一二年栽培，高150cm，茎上部有分枝。单叶互生，基部叶羽状分裂，小叶椭圆状披针形，叶缘具疏锯齿；中部叶深裂；上部叶卵形不分裂，叶缘有糙毛。头状花序，生于枝端，花序梗长，花托球形；舌状花金黄色；管状花黄绿色。瘦果有4棱。

【园林应用】性喜通风良好、温暖、阳光充足的环境，耐寒，耐旱，忌水湿。花期7～10月份，株型较大，花朵繁多，花期长，适合花坛、花境材料，也是切花、瓶插之精品。

21. 黑心菊

【学名】*Rudbeckia hirta*

【别名】毛叶金光菊，黑心金光菊

【科属】菊科，金光菊属

【形态特征】多年生宿根草花，常作一二年栽培，高90cm，全株有刚毛，从基部发出分枝。叶互生，近全缘，无柄，茎基部叶匙形，上部叶披针形。头状花序，单生茎顶，花径10cm，舌状花金黄色，基部色深；管状花紫黑色，半球形。瘦果柱状。

【园林应用】耐寒，又耐干旱，对土壤适应性强。花期5～10月份，花朵硕大，色彩鲜艳，花期又长，常作花境材料，也可盆栽、切花。

22. 南非万寿菊

【学名】*Osteospermum ecklonis*

【别名】大芙蓉，臭芙蓉

【科属】菊科，南非万寿菊属

【形态特征】多年生宿根草本花卉，常作一二年生草花栽培，高30cm，茎绿色，全株被有绒毛。单叶互生，倒披针形，叶缘有稀疏锯齿，基部叶缘有深裂。伞房状头状花序，托片绿色，披针形或三角状；舌状花有白、粉、红、紫红、蓝、紫等色；管状花蓝紫色或黄褐色。瘦果。

【园林应用】喜阳光、湿润、通风良好的环境，耐寒，耐干旱。早春开花，花期长，作为盆花、切花案头观赏，组合花坛、花境景观。

二、十字花科

23. 紫罗兰

【学名】*Matthiola incana*

【别名】香瓜对，草桂花，草紫罗兰

【科属】十字花科，紫罗兰属

【形态特征】多年生草花，常作一二年栽培，高40cm，茎基部木质化，全株被柔毛。单叶互生，倒披针形，全缘。总状花序顶生，具长爪，花瓣4，花有青莲色、紫色、紫红色、浅红色、浅黄色，白色等，微香。角果圆柱形。有单瓣系和重瓣系，品种有：夏紫罗兰、冬紫罗兰、秋紫罗兰。

【园林应用】喜凉爽、阳光充足、通风良好的环境，忌燥热高温。4～9月份开花，花色繁多，具有芳香，适宜布置花坛、花境和花箱，也可作盆栽、切花装饰室内。

24. 二月兰

【学名】*Orychophragmus violaceus*

【别名】诸葛菜，银边翠，象牙白

【科属】十字花科，诸葛菜属

【形态特征】一二年生草本，茎直立，有分枝。叶基生，全裂，顶裂片近圆形，顶端钝，基部心形，有钝齿。总状花序顶生，花紫色、浅红色，花萼筒状，紫色；花瓣宽倒卵形，密生细脉纹。长角果，种子黑棕色。

【园林应用】喜肥沃、湿润、阳光充足的环境，耐寒性强，也耐阴。4～5月份开花，常用于观花地被或花境栽培。

25. 羽衣甘蓝

【学名】*Brassica oleracea*

【别名】叶牡丹，牡丹菜，花包菜，绿叶甘蓝

【科属】十字花科，甘蓝属

【形态特征】二年生草本植物，高40cm，茎短缩，密生叶片。叶片肥厚，倒卵形，被有蜡粉，深度波状皱褶。总状花序顶生，花瓣4，黄色。角果。

品种多样有：皱叶、不皱叶、深裂叶品种；翠绿色、深绿色、灰绿色、黄绿色等品种；中心叶有纯白、淡黄、肉色、玫瑰红、紫红等品种。

【园林应用】喜阳光、冷凉气候，耐盐碱，耐寒也耐热，不耐涝。花期4～5月份，株丛整齐，叶形变化丰富，色彩斑斓，适宜冬、春季布置花坛、花境。

26. 蜂室花
【学名】*Iberis amara*
【别名】屈曲花

【科属】十字花科，蜂室花属

【形态特征】一二年生草本，植株高30cm，分枝多，疏生微毛。叶对生，倒披针形，边缘粗糙有齿。大形伞房状总状花序，花瓣4，两大两小，旋即伸长，花白色或浅紫色，芳香。有风信子花型、大花型及矮小型。角果短，种子扁平。栽种还有：伞形蜂室花、矮生蜂室花、常青蜂室花、岩生蜂室花。

【园林应用】喜夏季凉爽气候，耐寒，怕暑热。春秋开花，常用于花坛或花境，也是优良的切花材料。

27. 香雪球

【学名】*Lobularia maritima*

【别名】庭芥，小白花，玉蝶球

【科属】十字花科，香雪球属

【形态特征】多年生草本，常作一年栽培，基部木质化，高16cm，全珠被银灰色的"丁"字毛，茎呈丛或铺地状。单叶互生，条形或披针形，两端渐窄，全缘。总状伞房花序顶生，小花密生成球形，花瓣淡紫色或白色，芳香。角果球形。

【园林应用】喜冷凉阳光充足的环境，稍耐阴，较耐干旱瘠薄，忌涝，怕炎热。花期3～6月份，花开成片粉色，阵阵清香，是布置花坛、花境、岩石园和盆栽的优良花卉。

28. 桂竹香

【学名】*Cheiranthus cheiri*
【别名】黄金雀，香紫罗兰，黄紫罗兰，华尔花

【科属】十字花科，桂竹香属

【形态特征】多年生草本，常作二年生栽培，高40cm，茎直立有棱角，分枝多，全株有柔毛。叶互生，披针形，全缘，近无柄。总状花序顶生，萼片4，长圆形；花瓣4，有单瓣、重瓣，橘黄色或黄褐色，浓香。角果线形。

【园林应用】喜阳光充足、凉爽的气候，稍耐寒，稍耐盐碱土，忌涝，怕酷暑。花期4～6月份，花色金黄，可布置花坛、花境，也可作盆花和切花用。

三、苋科

29. 鸡冠花

【学名】*Celosia cristata*
【别名】红鸡冠

【科属】苋科，青葙属

【形态特征】一年生草花，高60cm左右。叶互生，卵形至卵状披针形，绿色、红色等。顶生肉质花序，花鸡冠状，有红、黄、白、粉红、紫红、橙色等。种子扁圆形，黑色，有光泽。

【园林应用】喜炎热、干燥、阳光充足的气候，不耐寒，怕积水。花期7～10月份，花期较长，花色繁多，适于布置花境、花坛、花箱等。

30. 雁来红

【学名】*Amaranthus tricolor*
【别名】老来少，三色苋，叶鸡冠，老来娇，老少年

【科属】苋科，苋属
【形态特征】一年生草本，茎直立，高1m，被腺毛。叶在下部对生，上部叶互生，宽卵形或披针形，全缘，有柔毛，顶生叶彩色多变尤为耀眼。花小，簇生叶腋或呈顶生穗状花序。浆果卵形。

【园林应用】喜湿润向阳及通风良好的环境，耐碱性土，耐干旱，不耐寒，忌涝湿。6～10月份观赏最佳，是优良的观叶植物，可作花坛背景、篱垣或在路边丛植，亦可盆栽、切花用。

31. 千日红

【学名】*Gomphrena globosa*

【别名】火球花，杨梅花，千年红，千日草

【科属】苋科，千日红属

【形态特征】一年生草花，全株被有白色柔毛，茎直立有沟纹。单叶对生，椭圆或倒卵形，全缘。头状花序，小花密集，花色有深红、淡红、黄、白、紫等。种子肾形，棕色，光亮。

【园林应用】喜温暖、阳光充足的环境，耐炎热干燥的气候。花期6～9月份，适宜布置花坛、花境，也可作切花插瓶花篮、花环、装饰室内。

32. 五色苋

【学名】*Alternanthera bettzickiana*

【别名】红绿草，五色草，模样苋，法国苋

【科属】苋科，莲子草属

【形态特征】多年生草本，常作一二年栽培，茎斜生，多分枝，节膨大，高20cm。单叶对生，叶小，椭圆状披针形，红色、黄色或紫褐色，或绿色中具彩色斑。叶柄极短。花腋生或顶生，花小，白色。胞果，常不发育。

品种有：黄叶五色草，叶黄色而有光泽；花叶五色草，叶具各色斑纹等。

【园林应用】喜光，略耐阴，喜温暖湿润环境，不耐热，也不耐旱，极不耐寒。五色苋植株多矮小，叶色鲜艳，是布置花坛的好材料，可用作花坛、地被。

四、报春花科

33. 报春花

【学名】*Primula malacoides*
【别名】小种樱草，七重楼，年景花

【科属】报春花科，报春花属

【形态特征】二年生草花，常作为一年生栽培，花葶高30cm，全株被白粉。叶簇生，卵形，6～8浅裂，边缘波状，具小锯齿，叶柄被柔毛。花序伞形，花梗纤细，花轮4～6，花萼钟状有白粉，苞片线状披针形；花冠碟状，有粉红色、淡蓝紫色，白色等，有香气。蒴果球形。

【园林应用】喜气候温凉、湿润的环境，不耐高温，不耐寒。冬、春季开花，作为露地花坛布置，美化家居环境，为优良冬季盆花。

34. 四季樱草

【学名】*Primula obconica*

【别名】鄂报春，球头樱草，仙鹤莲

【科属】报春花科，报春花属

【形态特征】多年生宿根花卉，常作二年生栽培，株高30cm，茎较短为褐色，植株被白色绒毛。叶聚生于植株基部，叶片长椭圆形，边缘波浪形缺刻，具长叶柄，叶面光滑。伞形花序，着花1轮，10～15朵，簇生在长轴顶端；花萼漏斗状；花冠较小，花色有白、红、紫红、蓝、淡紫、淡红等色，喉部黄色。蒴果球形。品种较多：大花四季樱草、巨型四季樱草等。

【园林应用】喜温暖湿润气候，怕高温，不耐寒。全年开花，鲜艳夺目，适宜盆栽观赏，也可布置花坛、花境等。

35. 欧洲报春

【学名】*Primula acaulis*
【别名】欧洲樱草，德国报春，西洋樱草

【科属】报春花科，报春花属

【形态特征】多年生草本，常作一二年生栽培，植株丛生，株高20cm。叶基生，长达15cm，长椭圆状卵形，叶脉深凹，叶缘下弯，有锯齿，背面有绒毛。伞状花序，花序多数，花葶甚短，单花顶生，有单瓣和重瓣花型，花色鲜艳，有大红、粉红、紫、蓝、黄、橙、白等色，喉部多为黄色。蒴果球状，种子细小，褐色。

【园林应用】性喜凉爽温暖湿润气候，较耐寒，耐潮湿，怕暴晒和高温。早春开花，花期长，花色多而艳丽，常作盆栽，点缀室内外景观。

五、石竹科

36. 石竹

【学名】*Dianthus chinensis*
【别名】洛阳花，竹节花，北石竹，钻叶石竹，丝叶石竹，高山石竹，长萼石竹

【科属】石竹科，石竹属

【形态特征】多年生草本，常作2年栽培，茎粉绿色，直立丛生，高30cm。叶对生，长披针形，叶基苞茎，中脉明显。顶生聚伞花序，苞片卵形；萼筒裂片披针形；花瓣5，有紫红、粉红、鲜红、白等色，喉部有斑纹和疏生须毛，先端齿裂；雄蕊突出喉外，花药蓝色。蒴果圆筒形。品种：常夏石竹，叶有白粉，花粉红、白、紫等色，花芳香；少女石竹，叶小，花白色、淡紫色等。

【园林应用】喜阳光充足、干燥，通风及凉爽湿润气候，耐干旱，耐寒，不耐酷暑，忌水涝。花期4～7月份，用于花坛、花境、花台或盆栽，岩石园和草坪边缘点缀和切花观赏。

37. 锦团石竹

【学名】*Dianthus chinensis* var. *heddeuigii*
【别名】繁花石竹

【科属】石竹科，石竹属

【形态特征】多年生草本，常作二年生栽培，茎光滑，多分枝，植株矮生，茎叶蓝绿色，有白粉。叶对生，线状披针形。花序长，花单生，花径大，花瓣先端齿状，芳香，花有粉红、紫红、白等色。蒴果矩圆形。

【园林应用】喜光，喜高燥凉爽，耐寒，不耐酷热，忌涝。4～5月份，花色繁多，花期较长，适于花坛、花境、岩石园、花带、切花。

38. 须苞石竹

【学名】*Dianthus barbatus*

【别名】美国石竹，十样锦，五彩石竹

【科属】石竹科，石竹属

【形态特征】多年生草本，常作二年生栽培，高50cm，节间长，全株无毛，有棱。叶片披针形，全缘，基部合生成鞘。头状聚伞花序，小花多数，花梗极短；苞片4，先端须状；花萼筒状；花瓣具长爪，红、紫、白点斑纹，顶端齿裂，喉部具髯毛。蒴果卵状。

【园林应用】喜阳光充足、高燥、通风及凉爽湿润气候，耐干旱，忌水涝，耐寒、忌酷暑。花期5～10月份，花色繁多，花团似锦，花期较长，适宜配置花坛、花境，制作切花。

39. 矮雪轮

【学名】*Silene pendula*

【别名】樱子草，大蔓樱草，小红花

【科属】石竹科，蝇子草属

【形态特征】一二年生草本，植株矮生高约30cm，多分枝，全株被白色柔毛。单叶对生，叶卵状披针形。总状聚伞花序，萼筒膨大，花瓣5，倒心形，先端2裂，粉红色。栽培品种有：白色、淡紫色、浅粉红色、玫瑰色等；重瓣品种：萼筒长而膨大，筒上有紫红色条筋，花色丰富。蒴果卵形。

【园林应用】喜阳光充足、耐寒、花期4～6月份，植株矮生密集，开花繁茂，是布置花坛和花境的好材料，也可切花或盆栽。

40. 高雪轮

【学名】*Silene armeria*
【别名】钟石竹

【科属】石竹亚科，蝇子草属

【形态特征】一年生草本，直立，高50cm，粉绿色，上部具黏液。叶对生，基生叶匙形，茎生叶心形至披针形，基部半抱茎。复伞房花序，苞片披针形；花萼筒状，带紫色；花瓣淡红、白、紫色，瓣片顶微凹缺；副花冠片披针形。蒴果长圆形。

【园林应用】喜阳光充足温暖气候环境，耐寒，耐旱，忌高温多湿。花期5～8月份，适宜配置花坛、花境，点缀岩石园或作地被植物。

41. 麦仙翁

【学名】 *Agrostemma githago*

【别名】 麦毒草

【科属】 石竹科，麦仙翁属

【形态特征】 一年生草本，茎单生直立，高80cm，全株被白色柔毛。叶线形，基部抱茎，顶端渐尖，中脉明显。花单生枝顶，具长梗，花萼5深裂，有毛；花瓣5，倒卵形，紫红色，喉部有鳞片。雄蕊微外露，花丝无毛；花柱外露，被长毛。蒴果卵形，萼宿存。同属有小麦仙翁，花紫色，花瓣比花萼长，基部有黑色线条。

【园林应用】 适应性强，耐寒，耐瘠薄，夏季开花，可作布置花坛、花境，点缀岩石园或作地被植物。

六、柳叶菜科

42. 送春花

【学名】*Godetia amoena*
【别名】代稀，送别花，晚春锦，红月见草

【科属】柳叶菜科，古代稀属

【形态特征】一二年生草本植物，丛生状，茎细，基部木质化。叶互生，条形至披针形，常有小叶簇生于叶腋，在阳光充足的条件下，其上部常呈暗红色。穗状花序，顶生，花朵有单瓣、重瓣之分，萼片连生。单瓣品种有花瓣4片，有丝光，有白、雪青、粉、红、紫红等色。浅色花瓣基部或中央常有深色斑块；深色花瓣的斑块则为浅色。蒴果近圆形。

【园林应用】喜光，冷凉湿润气候环境，不耐寒，忌酷热和严寒。初夏开花，可作各类花坛的背景和切花，也可盆栽。

43. 月见草

【学名】*Oenothera biennis*

【别名】夜来香，晚樱草，待霄草，山芝麻，野芝麻

【科属】柳叶菜科，月见草属

【形态特征】一二年生粗壮草本，茎高1m，植株有腺毛。基生叶紧贴地面，倒披针形，边缘有浅钝齿，茎生叶较小。穗状花序，不分枝，花大，黄绿色或淡红色，芳香。蒴果4楞。

【园林应用】耐酸，耐旱，花期6～9月份，花香美丽，花朵鲜艳，花期较长，常作花坛、花境、花箱栽植。

七、马齿苋科

44. 马齿苋

【学名】*Portulaca oleracea*

【别名】马苋，五行草，长命菜，五方草，瓜子菜，麻绳菜，马齿菜，蚂蚱菜

【科属】马齿苋科，马齿苋属

【形态特征】一年生草本，茎平卧伏地，枝淡绿色或带暗红色。叶互生，扁平，肥厚，马齿状，上面暗绿色，下面淡绿色或带暗红色，叶柄粗短。花无梗，午时盛开；苞片叶状；萼片绿色，盔形；花瓣黄色，倒卵形；雄蕊花药黄色。蒴果卵球形；种子细小。

【园林应用】喜肥沃土壤，耐旱亦耐涝。花期5～8月份，植株矮小，光洁，花色艳丽，花期长，宜布置花坛、花境、花箱、专类花坛。

45. 太阳花

【学名】*Portulaca grandiflora*

【别名】半支莲，大花马齿苋，松叶牡丹，午时花，死不了

【科属】马齿苋科，马齿苋属

【形态特征】一年生肉质草本，高15cm，茎叶细，匍匐，分枝光滑稍带紫色。叶散生或集生，圆柱形，叶腋有白色柔毛。花顶生，基部有叶状苞片，花瓣倒心脏形，颜色鲜艳，有白、深、黄、红、紫等色。蒴果有盖，种子黑色。品种很多，有单瓣、半重瓣、重瓣等。

【园林应用】喜温暖、阳光充足的环境，耐干旱酷热，耐瘠薄，不耐寒。花期6～9月份，植株矮小，光洁，花色艳丽，花期长，阳光下怒放，适宜布置花坛、花境、花箱等。

46. 毛地黄

【学名】*Digitalis purpurea*

【别名】洋地黄，自由钟，指顶花，金钟，心脏草

【科属】玄参科，毛地黄属

【形态特征】多年生草本，常作二年栽培，茎直立，高100cm，植体被柔毛和腺毛。叶卵状披针形，叶面粗糙、皱缩。总状花序顶生，花冠钟状，蜡紫红色，内面有浅白斑点。蒴果卵形，种子短棒状。

【园林应用】喜湿润，耐阴，较耐寒，耐干旱，耐瘠薄土壤，忌炎热。花期5～8月份，常用于花境、花坛背景及岩石园中。

47. 龙面花

【学名】*Nemesia strumosa*

【别名】耐美西亚，囊距花，爱蜜西

【科属】玄参科，龙面花属

【形态特征】一年生草本，株高50cm，多分枝，深根性。叶对生，基生叶长圆状匙形、全缘，茎生叶披针形。总状花序伞房状顶生，花基袋状，上唇4浅裂，下唇2浅裂，色彩多变，有黄白、深黄、橙红、深红和玫紫等；喉部黄色，有深色斑点和须毛。蒴果卵形。

【园林应用】喜光照充足的温和气候，不耐寒，忌夏季酷热。春夏开花，高茎大花种可作切花，矮种布置花坛、盆栽。

48. 荷包花

【学名】*Dicentra spectabilis*

【别名】蒲包花，元宝花，状元花

【科属】玄参科，蒲包花属

【形态特征】多年生草本，常作一年生栽培，株高40cm，有分枝，全株有茸毛。单叶对生，椭圆状卵形，叶脉凹下。花冠唇状，上唇瓣直立较小，下唇瓣膨大似蒲包状，花色丰富，有紫、红、乳白、橙红、黄、深褐等颜色和各种斑点。蒴果卵形。品种有：大花荷苞花、多花荷苞花等。

【园林应用】喜光照，喜凉爽湿润通风的气候环境，惧高热、忌寒冷，不耐潮湿。花期2～5月份，花期长，花色艳丽、花形奇特，是冬、春季重要的盆花，常作室内装饰摆设用。

49. 金鱼草

【学名】*Antirrhinum majus*
【别名】龙头花，洋彩雀，龙口花

【科属】玄参科，金鱼草属

【形态习性】多年生草花，常作二年生栽培，高40cm。叶对生，上部互生，椭圆状披针形，叶片光滑。总状花序顶生，花冠筒状唇形，外被绒毛，花色多样。蒴果，卵形。常见有：大花高茎种、中茎种。

【园林应用】喜阳、喜凉爽气候，耐寒、稍耐半阴，忌酷热。花期4～8月份，花色鲜艳，适宜布置花坛、花境、花箱、切花，或盆栽。

50. 夏堇

【学名】*Torenia fournieri*
【别名】蝴蝶草，兰猪耳

【科属】玄参科，蝴蝶草属

【形态特征】多年生草本花卉，常作二年生栽培，株高20cm，株形整齐而紧密，茎方形。叶对生，卵形或卵状披针形，边缘有锯齿，叶柄比叶短，秋季叶色变红。总状花序，花萼膨大，萼筒有5条棱；花冠唇形杂色，花色有紫青色、桃红色、兰紫、深桃红色及紫色等。蒴果卵形，种子细小。

【园林应用】喜光照，也耐半阴，耐炎热，不耐寒，夏季至秋季开花。姿色幽逸，酷热的盛夏花色丰富，花期长，是优良的吊盆花卉，很适合屋顶、阳台、花台栽培。

九、唇形科

51. 一串红

【学名】*Salvia splendens*
【别名】鼠尾草，撒尔维亚，西洋红，草象牙红，
爆竹红

【科属】唇形科，鼠尾草属

【形态特征】多年生草花，常作一年栽培，茎四方形，高60cm左右。叶对生，卵形，有锯齿，茎节处红紫色。总状花序顶生，花朵轮生，花萼钟状；花冠唇形，有鲜红、紫、粉、白等。坚果椭圆形。品种有：一串白、一串紫、矮串红等。

【园林应用】喜温暖和阳光充足环境，耐半阴，不耐寒，忌高温，怕积水。花期8～10月份。姿态优美，花色鲜艳，花期较长，适宜布置花坛、花境，或组合花丛。

52. 鼠尾草

【学名】*Salvia japonica*

【别名】秋丹参，洋苏草，撒尔维亚，南丹参，石见穿。

【科属】唇形科，鼠尾草属

【形态特征】一年生草本植物，高50cm，茎木质，四棱形，分枝多，被疏柔毛。叶对生，有羽状复叶，小叶披针形或菱形，全缘，灰绿色。总状圆锥花序顶生，花筒状，花二唇形，有青紫、蓝紫、粉红、白等色，芳香。坚果椭圆形，褐色，光滑。

【园林应用】喜半阴、耐寒、耐水湿，花期3～8月份，适宜布置花坛、花境，或组合花丛、地被。

53. 彩叶草

【学名】*Coleus hybridus*

【别名】洋紫苏，棉紫苏，五彩苏，老来少

【科属】唇形科，鞘芯花属

【形态特征】多年生草本，常作一二年生栽培，茎四棱，基部木质化，株高50cm，全株有毛。单叶对生，卵圆形，先端渐尖，叶缘皱波状；叶面有紫红、朱红、桃红、淡黄等彩色斑纹。总状花序顶生，花小，浅蓝色、白色。小坚果平滑有光泽。变种有：皱皮彩叶草，叶红紫色，具有彩色斑纹，叶缘花纹皱波浪形。

【园林应用】喜高温、向阳、湿润气候，不耐寒，怕积水。花期8～9月份，可种植于花坛、花境、花箱，也适于盆栽，切花制作花篮、花环。

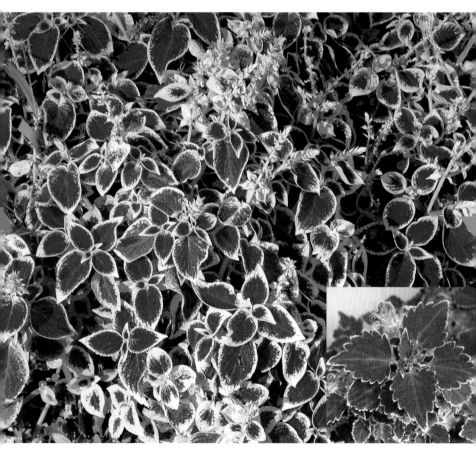

十、茄科

54. 五色椒

【学名】*Capsicum frutescens*
【别名】朝天椒，观赏椒

【科属】茄科，辣椒属

【形态特征】多年生半草本，常作一年生栽培，老茎木质化，高约30cm。单叶互生，卵状披针状形。小花白色，单生叶腋。果实圆锥形，成熟时黄、橙、红、紫、蓝等色。

【园林应用】喜温暖、阳光充足的环境，不耐寒。花期8～10月份，作为观果花卉栽培，可植于花坛、花境，也可盆栽、配置花箱美化环境。

55. 矮牵牛

【学名】*Petunia hybrida*

【别名】碧冬茄，番薯花，灵芝牡丹，王冠灯

【科属】茄科，矮牵牛属

【形态特征】多年生草本，常作二年生栽培，高40～60cm，匍匐状，全株具腺毛。单叶互生，上部的叶对生，卵形，全缘。花单生叶腋，花冠漏斗状，先端5裂，花形多变，有白、黄、紫、紫红等色，并具各种斑纹。蒴果，种子极小。

【园林应用】喜温暖阳光充足的环境，不耐寒，忌积水。花期6～10月份，花朵美丽，适于布置花坛、花境、盆栽或切花。

十一、豆科

56. 羽扇豆

【学名】*Lupinus micranthus*

【别名】鲁冰花，多叶羽扇豆

【科属】豆科，羽扇豆属

【形态特征】多年生草本，常作二年生栽培，茎直立，高1m，分枝成丛。掌状复叶，叶柄长，小叶椭圆状，下面被伏毛，托叶披针形。总状花序顶生，小花蝶形；苞片卵状披针形；花萼二唇形，上唇较短，下唇全缘；花冠蓝色，旗瓣反折，龙骨瓣喙尖，先端呈蓝黑色。荚果长圆形，密被绢毛。品种较多：加州羽扇豆、二色羽扇豆等。

【园林应用】喜气候凉爽、阳光充足环境，耐旱，略耐阴，忌炎热和水湿。6～8月份开花，花色艳丽多彩，而且花期长，用于片植，或带状花坛群体，也是盆栽、切花的好材料。

57. 决明

【学名】*Cassia tora*
【别名】假绿豆，英明，羊角，还瞳子，马蹄子

【科属】豆科，决明属
【形态特征】一年生草本植物，亚灌木状，直立、粗壮、高可达2m，植体被短毛。偶数羽状复叶，小叶2～3对，膜质，卵状椭圆形，基部偏斜；每对小叶间有棒状的腺体1枚。花2朵聚生叶腋，花梗丝状，萼片膜质卵形；花瓣5，黄色，花药四方形。荚果纤细，四棱形。

【园林应用】喜高温，阳光充足，湿润气候，忌过黏重盐碱土。8～11月份开花，适宜坡地群植绿化美化。

十二、桔梗科

58. 风铃草

【学名】*Campanula medium*
【别名】钟花

【科属】桔梗科，风铃草属

【形态特征】二年生草本，株高约1m，多毛。叶基生，莲座状，倒卵形，波形圆齿，叶柄具翅。总状花序，1～2朵聚生，花萼有纤毛；花冠钟状，5浅裂，基部略膨大，白色、蓝色。观赏品种较多。蒴果，种子多数，椭圆状。

【园林应用】喜冬暖夏凉光照充足、通风良好的环境，不耐干热，不耐寒。花期6～7月份，主要用作盆花，配置园林作花坛、花境。

59. 六倍利

【学名】*Lobelia erinus*
【别名】翠蝶花，山梗菜，花半边莲，南非半边莲

【科属】桔梗科，半边莲属

【形态特征】多年生草本植物，一年生栽培，高约20cm，半蔓性，茎枝细密。叶互生，上部叶披针形，近基部的叶广匙形。总状花序顶生，小花有长柄，花冠先端五裂，下3裂片较大，形似蝴蝶展翅，花色有红、桃红、紫、紫蓝、白等色。蒴果。

【园林应用】喜长日照、低温环境，不耐寒，忌酷热。7～3月份开花，植株矮小，花色艳丽，适合花坛、花境、盆栽、吊盆造景。

十三、锦葵科

60. 蜀葵

【学名】*Althaea rosea*

【别名】一丈红，林秸花，大蜀季，戎葵，吴葵，卫足葵，胡葵，斗篷花

【科属】锦葵科，蜀葵属

【形态特征】多年生草本花卉，常作二年生栽培，茎直立，高达2m，少分枝，被刺毛。单叶互生，心形，掌状浅裂，托叶卵形先端具尖。总状花序，花大，单瓣或重瓣，有紫、粉、红、白等色，具叶状苞片。蒴果，种子扁圆。园艺品种较多：千叶蜀葵、五心蜀葵、重台蜀葵、剪绒蜀葵、锯口蜀葵等。

【园林应用】喜阳光充足，耐半阴，耐寒冷，耐盐碱，忌涝。花期6～8月份，适合种植在庭院、路侧、场地，组成花墙，也可作切花或作花篮、花束等。

61. 锦葵

【学名】*Malva sinensis*

【别名】小蜀葵，单片花，棋盘花，薯蕉花

【科属】锦葵科，锦葵属

【形态特征】一二年生草本，高1m左右，直立，分枝多。叶互生，呈掌状裂，有锯齿，叶柄长。花较小，花瓣5枚，淡紫色，花萼钟形有绒毛。蒴果，圆形。品种较多，有花色大红、浑紫、粉红、墨紫、白色等。

【园林应用】喜阳光充足环境，耐干旱，耐寒，花期5～8月份，花色繁多而美丽，适宜布置花境、路边林缘列植或丛植花墙，也可用于盆花、切花作花篮、花束等。

十四、罂粟科

62. 虞美人

【学名】*Papaver rhoeas*
【别名】丽春花，赛牡丹

【科属】罂粟科，罂粟属

【形态特征】 一年生草花，茎直立，高50cm，分枝细，全株被糙毛，有乳汁。叶互生，纸质，羽状深裂。花单生枝顶，花梗长10cm，花蕾下垂；萼片绿色；花瓣4，圆形，有红、紫、黄、白等色。蒴果倒卵形，有肋。

【园林应用】喜温暖、阳光充足和通风良好的环境，怕炎热、高湿。花期4～7月份，花色繁多而艳丽，适宜布置花坛、花境，也可盆栽或作切花用。

63. 花菱草

【学名】*Eschscholtzia californica*

【别名】加州罂粟，人参花，洋丽春，金英花

【科属】罂粟科，花菱草属

【形态特征】多年生草本，常作一二年生栽培，茎直立具纵肋，高40cm，二歧状分枝。叶基生，多回羽状细裂，裂片形状多变，叶柄长。花单生枝顶，花托漏斗状；花萼卵形；花瓣4，扇形有黄、白、红等色，基部橙黄色。蒴果，圆柱形。

【园林应用】喜阳光充足冷凉干燥气候，较耐寒，耐瘠土，不耐湿热。花期4～7月份，茎叶嫩绿带灰色，花色鲜艳夺目，是良好的花带、花径和盆栽材料，也可用于草坪丛植。

十五、花葱科

64. 福禄考

【学名】*Phlox drummondii*

【别名】草夹竹桃，洋梅花，小洋花桔，梗石竹，小天蓝绣球

【科属】花葱科，天蓝绣球属

【形态特征】一年生草本，株高20cm，分枝多，被腺毛。单叶互生，椭圆状披针形，全缘，基叶对生。圆锥状聚伞花序顶生，有短柔毛，花萼筒状细长，有毛；花冠高脚碟状，有淡红、深红、紫、白、青、淡黄等色。有复色、三色之分。蒴果椭圆形。变种多：圆瓣种，花瓣圆形；星瓣种，花瓣边缘3裂，中齿长；须瓣种，花瓣边缘成细齿裂；放射种，花冠裂片成披针形。

【园林应用】喜温暖、水排水良好、疏松的壤土，忌酷热，不耐寒，不耐旱。花期5～7月份，植株矮小，花色丰富，常作花坛、花境及岩石园的植株材料，亦可作盆栽和切花供室内装饰。

十六、凤仙花科

65. 凤仙花

【学名】*Impatiens balsamina*

【别名】指甲草，透骨草，急性子，金凤花，小桃花

【科属】凤仙花科，凤仙花属

【形态特征】一年生草花，茎粗壮、肉质、光滑、节膨大，高50cm。叶互生，披针形，有锐齿，叶柄有黑色腺体。花单生，或数朵生于叶腋，侧垂，花色有红、青、紫、白等色；花梗被柔毛；苞片线形；萼片3，两小一大，花瓣状；花瓣5，唇瓣舟状，旗瓣圆形，翼瓣圆形先端2浅裂。蒴果纺锤形，被柔毛。品种较多有水凤仙、紫凤仙、瓦式凤仙、包式凤仙、大叶凤仙等。

【园林应用】喜阳光温暖湿润环境，不耐寒。花期6～9月份，花似彩凤，姿态优美，适于布置花坛、花境、花箱，美化庭院和盆栽和切花。

十七、白花菜科

66. 醉蝶花

【学名】*Cleome spinosa*

【别名】西洋白花菜，凤蝶草，紫龙须，蜘蛛花

【科属】白花菜科，白花菜属

【形态特征】一年生草本植物，株高60cm左右，茎有黏汁腺毛，并有特殊气味。掌状复叶，小叶5～7枚，矩圆状披针形，全缘，叶柄有托叶刺。总状花序，顶生，花茎直立，花苞红色，花瓣玫瑰红色或白色，雄蕊特长。蒴果柱形。

【园林应用】喜阳光充足湿润花境，耐干旱，耐暑热，耐半阴，不耐寒，忌寒冷，忌积水。花期6～9月份，盛开时似蝴蝶飞舞，适宜布置花坛、花境，也可作为盆栽观赏。

十八、亚麻科

67. 大花亚麻

【学名】*Linum grandiflora*
【别名】花亚麻

【科属】亚麻科，亚麻属

【形态特征】二年生草本，茎直立，株高50cm，多分枝。叶互生，条形至条状披针形。聚伞花序，单生，花瓣5枚，玫红色。蒴果球形。

【园林应用】喜半阴，耐寒，不耐湿，花期5～6月份，植株形态纤美，花多，花期长，为优良花坛材料，也可作为盆栽切花用。

十九、藜科

68. 红叶甜菜

【学名】*Beta vulgaris*

【别名】红恭菜，厚皮菜，紫菠菜，莙荙菜，猪姆菜，海白菜

【科属】藜科，甜菜属

【形态特征】二年生草本，主根直立，植株高80cm。叶互生，菱形，全圆，深红或红褐色，肥厚有光泽。圆锥花序，花茎自叶丛中间抽生；花小，有绿色、红色；花萼5裂。胞果，种子细小。

【园林应用】喜光好肥、耐寒、耐阴，适应性强。花、果期5～7月份，紫红色叶片整齐美观，常布置花坛，盆栽作室内摆设用。

69. 红蓼

【学名】*Polygonum orientale*

【别名】荭草，红草，大红蓼，东方蓼，大毛蓼，游龙，狗尾巴花

【科属】蓼科，蓼属

【形态特征】一年生草本，茎直立，粗壮，高1～2m，植体有柔毛。叶宽卵形、宽椭圆形或卵状披针形，顶端渐尖，基部圆形或近心形，微下延，全缘。总状花序呈穗状，长3～7cm，花紧密，微下垂，苞片宽漏斗状，绿色，每苞内具3～5花；花被5深裂，淡红色或白色；雄蕊7，比花被长；花盘明显；花柱2。瘦果圆球形，黑褐色。

【园林应用】喜温暖湿润环境，6～10月份开花结果，具有粉红色的花序，是美化庭院、墙根、水体旁的好材料。

二十、秋海棠科

70. 四季海棠

【学名】*Begonia semperflorens*

【别名】蚬肉，秋海棠，玻璃翠，秋花棠，海花，瓜子海棠，八月份春，相思草

【科属】秋海棠科，秋海棠属

【形态特征】多年生草本，常作一年栽培，须根类，茎直立，多分枝，肉质，光滑。叶互生，卵圆形，有锯齿，基部偏斜。花数朵生叶腋，有淡红、白、粉红等颜色，有单瓣、重瓣。翅果。

【园林应用】喜温暖湿润、半阴环境，不耐寒，怕酷暑、积水和强光照。四季开花，株姿秀美，叶色光洁，花朵娇艳，是优良的盆栽观赏花卉，也是花坛、花境、花箱、花墙布置的好材料。

71. 高山积雪

【学名】*Euphorbia marginata*
【别名】银边翠，象牙白

【科属】大戟科，大戟属

【形态特征】一年生草本植物，高50cm，茎直立分枝多，全株具柔毛并含有毒白浆。叶圆状披针形，灰绿色，先端凸尖，全缘；叶片在下部互生；在顶端轮生，入夏后叶片边缘或叶片全部变为银白色，与下部绿叶相映，犹如青山积雪。小花3朵，簇生顶端，花梗细软，花下有2枚大型苞片。蒴果近球形。

【园林应用】喜温暖干燥和阳光充足环境，耐干旱，不耐寒。花期6～9月份，布置花坛、花境、花丛，亦可作林缘绿化美化，也可作切花材料。

72. 琉璃苣

【学名】*Puccinellia tenuiflora*
【别名】星星草

【科属】紫草科，琉璃苣属

【形态特征】一二年生草本植物，高可达1m，植株有粗毛。叶大互生，卵圆形，粗糙有柄，长圆形。聚伞花序，有长柄，花梗通常淡红色；花星状，下垂，鲜蓝色，有时白色或玫瑰色；雄蕊鲜黄色，5枚，在花中心排成圆锥形。小坚果，有乳头状突起。

【园林应用】喜阳光温暖环境，耐高温多雨，也耐干旱，不耐寒。花期6～8月份，适宜庭园绿化，布置花境，也可供盆栽观赏。

第四章　多年生草本花卉

多年生花卉有球根和宿根花卉。球根花卉，植株的地下部分具有肥大的变态茎或根（有鳞茎、球茎、块茎、根茎之分）；宿根花卉，当年植株开花后，地上部分枯死，根部不死，并能越冬，来年春季继续萌发生长。

一、球根花卉
（一）石蒜科

1. 水仙花
【学名】*Narcissus tazetta*
【别名】雅蒜，天葱，金盏银台，凌波仙子

【科属】石蒜科，水仙属

【形态特征】多年生球根草花，层状鳞茎肥大，卵球形，外有薄膜。叶丛生，排成2列，带状，先端圆，全缘，长30cm。伞形花序，花被6片，白色，黄色；中央有幅冠，基部筒状，浓香。蒴果。常见品种有：漳州水仙，花重瓣，香味浓；单瓣喇叭水仙，花形如盘，中央副冠呈杯状，黄色。

【园林应用】喜温暖湿润及阳光充足的环境，耐半阴，耐瘠薄土壤。花期1～2月份，植株娟秀素雅，花香宜人，适宜配置于花台、花箱、水旁等处，也可水养，盆栽装饰室内。

2. 石蒜

【学名】*Lycoris radiata*

【别名】老鸦蒜，蟑螂花，忽地笑

【科属】石蒜科，石蒜属

【形态特征】多年生常绿球根花卉，鳞茎椭圆形，高30cm。叶基生，宽带性，全缘，叶正面深绿色，背面色淡。伞形花序，花葶从叶丛中抽出，与叶近等长，花瓣6裂，反卷，花鲜红色。蒴果背裂。另外有：鹿葱（夏水仙），花粉红色，芳香。

【园林应用】阴性，喜湿润半阴，耐干旱，稍耐寒，怕强光直射，忌涝。花期8～10月份，冬季叶色深绿，秋天花朵明亮秀丽，常用作林下地被，配置花坛、花境，也可供盆栽、水养、切花等用。

3. 忽地笑

【学名】*Lycoris aurea*
【别名】铁色箭，黄花石蒜

【科属】石蒜科，石蒜属

【形态特征】多年生植物，鳞茎卵形，秋季出叶。叶剑形，顶端渐尖，中间淡色带明显。伞形花序，花茎高60cm，总苞片披针形；花黄色，花被筒状，裂片特别反卷，其背有中肋；雄蕊伸出花被外，花丝黄色；花柱上部玫瑰红色。蒴果具三棱，室背开裂。

【园林应用】喜阳光和潮湿环境，耐半阴和干旱环境，稍耐寒。花期8～9月份，常作林下地被花卉，花境丛植，也是理想的切花材料。

4. 君子兰

【学名】 *Clivia miniata*

【别名】 剑叶石蒜，达木兰，大叶石蒜

【科属】 石蒜科，君子兰属

【形态特征】 多年生草本花卉，茎极短。叶长带状，质地厚，排成2列，全缘，有光泽，深绿色。伞形花序顶生，花葶从叶腋抽出，花漏斗状，裂片6，花色有橘红、鲜红、深红、橙黄等。浆果球形，成熟后紫红色。

【园林应用】 喜温暖、湿润、凉爽气候，也耐半阴环境，不耐寒，怕阳光直射。花期6～11月份，叶繁花茂，色彩艳丽，是名贵盆栽花卉，装饰室内等。

5. 朱顶红

【学名】*Hippeastrum rutilum*
【别名】朱顶兰，百枝莲，孤挺花，对红

【科属】石蒜科，孤挺花属

【形态特征】多年生草花，鳞茎球形。叶对生，2列，肉质，宽带状，长约30cm。伞形花序，花茎中空，有花3～6朵，花喇叭状，花被6裂，花色有红、白、玫瑰红、紫色、白条纹等。变种有：白条朱顶红、杂种孤挺花等。

【园林应用】喜温暖、湿润、半荫环境，不耐寒，忌烈日，怕涝。花期3～6月份，花大色艳，适于庭园花境、花坛种植，也是盆栽观赏、切花的好材料。

6. 晚香玉

【学名】*Polianthes tuberose*

【别名】夜来香，月份下香，夜情花

【科属】石蒜科，晚香玉属

【形态特征】多年生草花，茎直立，不分枝，高达1m，鳞状茎长圆形。基生叶带状披针形，亮绿色，基部淡红色。总状花序顶生，花10朵左右，成对而生，花被漏斗状，自下而上逐渐开放，花白色，浓香。蒴果。栽培品种有：矮珍珠晚香玉、喷彩晚香玉。

【园林应用】喜温暖湿润、阳光充足的环境，也耐阴，稍耐寒，怕积水。6～10月份，花小浓郁芬芳，微风吹拂，香飘满园，适宜切花制作花篮、花环或盆栽装饰室内，也可配植于花坛、花境和林间。

7. 蜘蛛兰

【学名】*Hymenocallis speciosa*

【别名】美丽水鬼蕉，水鬼蕉，海水仙，螯蟹花，蜘蛛百合

【科属】石蒜科，水鬼蕉属

【形态特征】多年生草本，地下有球茎，地上茎高达1m左右。叶基生，具短柄，狭长条形，柔软，深绿色，有光泽。伞形花序顶生，花白色，星形，花被6枚，细长，基部有蹼状物与雄蕊相连，花被片比花筒长，有香气。栽培种有：水鬼蕉、蓝花水鬼蕉等。

【园林应用】喜光照、温暖湿润，不耐寒。夏秋季开花，花形奇特，色彩素雅，又有香气，是盆栽、布置庭园和室内装饰的佳品。

8. 文殊兰

【学名】*Crinum asiaticum*

【别名】文珠兰，十八学士，翠堤花

【科属】石蒜科，文殊兰属

【形态特征】多年生草本，鳞茎粗壮，长柱形。叶多列，带状披针形，叶片较宽。伞形花序，花茎直立，有花10～24朵，总苞片披针形；花冠筒细长，花被裂片线形，白色，芳香。蒴果近球形，种子1枚。

【园林应用】喜温暖、湿润、光照充足环境，耐盐碱土，不耐寒。花期6～10月份，花叶并美，适宜点缀园林景区草坪，也可盆栽装点室内。

9. 百子莲

【学名】*Agapanthus africanus*

【别名】紫君子兰，蓝花君子兰，非洲百合

【科属】石蒜科，百子莲属

【形态特征】多年生草本宿根植物，根状茎粗。叶带状披针形，近革质，浓绿色。伞形花序，顶生，花茎直立，高可达60cm；有花10～30朵，花漏斗状，蓝色。还有花蓝紫色、白色、紫花、大花和斑叶等不同品种百子莲。

【园林应用】喜温暖、湿润和充足的阳光，宜半阴，不耐寒。花期4～8月份，小花多，叶色浓绿光亮，适于盆栽作室内观赏，布置花坛、林下地被等。

10. 葱兰

【学名】*Zephyranthes candida*

【别名】葱莲，白玉簾，玉帘，白花菖蒲莲

【科属】石蒜科，葱兰属

【形态特征】多年生常绿球根花卉，株高20cm，地下鳞茎小卵形。叶基生，线形，肉质，暗绿色。花葶中空，叶丛中抽出，花单生，苞片红色，花被6片，花瓣白色，披针形。蒴果近三角形。

【园林应用】喜阳光充足的环境，耐半阴和低湿，耐干旱，较耐寒。花期7～10月份，株丛低矮、终年常绿、花朵繁多、花期长，常用作地被、花坛、花境。

11. 韭兰

【学名】*Zephyranthes grandiflora*

【别名】韭莲，风雨花，红花菖蒲莲

【科属】石蒜科，葱兰属

【形态特征】多年生球根花卉，株高20cm，鳞茎球形。叶基生，扁线形，深绿色，形似韭菜。花单生茎顶，总苞片淡紫红色；花冠漏斗状；花被裂片6，桃红色。蒴果近球形。

【园林应用】喜阳光温暖湿润环境，耐旱，抗高温，耐半阴，较耐寒。花期5～9月份，适宜作花坛、花境、草地镶边材料，或盆栽布置室内。

12. 百合

【学名】*Lilium brownii*

【别名】卷帘花，山丹，强瞿，强仇，百合蒜，摩罗，中逢花，重迈，中庭

【科属】百合科，百合属

【形态特征】多年生草花，高达1m，肉质鳞片抱鳞茎，其中芽出土成茎。单叶互生或轮生，披针形。总状花序，生茎顶端，花瓣6，漏斗状下垂，有白色、黄色、红色带斑点、条纹橙红色。蒴果矩圆形。百合相近种很多：山丹，花鲜红或紫红；白花百合，鳞茎淡白色，花4～5朵，乳白色；麝香百合（铁炮百合），鳞茎白黄色，花2～3朵，黄白色；鳞子百合，鳞茎白色至褐色，花数朵白色带粉红晕、紫红斑点。

【园林应用】喜光、稍耐阴，在深厚肥沃、排水良好的沙质壤土上生长较好。花期4～8月份，花大姿态优美，花期较长，特别适合于庭园、盆栽、切花使用。

233

13. 卷丹

【学名】*Lilium lancifolium*

【别名】虎皮百合，倒垂莲，黄百合，宜兴百

【科属】百合科，百合属

【形态特征】多年生草本，茎高1.5m，带紫色条纹，具白色绵毛，鳞茎近宽球形，高约3.5cm，鳞片宽卵形。叶散生，矩圆状披针形。花3～6朵下垂，花瓣外翻卷，花被片披针形，橙红色，有紫黑色斑点。蒴果长卵形。

【园林应用】喜温暖干燥气候，性耐寒。花期7～8月份，多用于园林花境，丛植，或作切花用。

14. 玉簪

【学名】*Hosta plantaginea*

【别名】玉春棒，白鹤花

【科属】百合科，玉簪属

【形态特征】多年生草花，地下茎粗壮。茎叶簇生，卵形至心形，边缘波浪形，长20cm左右，宽15cm左右，总状花序顶生，花白色，形似玉簪，浓香。蒴果圆柱形。变种有：重瓣玉簪等。

【园林应用】喜温暖、湿润的环境，耐阴，耐旱，耐寒，忌烈日直射。花期6～9月份，夜间花香袭人，适于庭园荫蔽处栽植，也是林下较好的地被和盆栽、插花好材料。

15. 萱草

【学名】*Hemerocallis fulva*

【别名】黄花菜，金针菜，忘忧草

【科属】百合科，萱草属

【形态特征】多年生宿根草花，高达1m，有根状茎和肉质根。叶基生，长带状披针形。圆锥花序顶生，花葶长而粗壮，花冠漏斗形，花色有淡黄、金黄、米黄、绯红、玫瑰、淡紫等。

园艺品种较多：千叶萱草，花重瓣；重瓣萱草，花重瓣；长筒萱草，花被筒很长；斑花萱草，花有红紫色条纹；玫瑰红萱草，花玫瑰红。栽培品种有：黄花菜，花淡黄色，芳香，夜间开放；小黄花菜，植株较矮小；北黄花菜，植株较高，色较淡。

【园林应用】喜阳光充足，耐寒，耐干旱，耐半阴。6～8月份开花，花色鲜艳，朝开暮落，绿叶成丛，可布置花坛、花境，成片种植绿化美化各种环境。

16. 郁金香

【学名】*Tulipa gesneriana*
【别名】洋百合，郁香，洋荷花

【科属】百合科，郁金香属

【形态特征】多年生草花，鳞茎卵圆形，皮膜淡黄色。茎光滑，被白粉。叶基生3～5枚，披针形，边缘有毛。花单生直立杯形，有红色、橙色、白色、紫色、黄色等。蒴果。品种很多：皇金、皇红、皇白、皇橙、黑美人等。

【园林应用】喜凉爽、湿润、向阳环境，耐寒。3～4月份开花，植株较矮，开花整齐，色彩娇艳，为花坛、花境种植的好材料，也是切花、盆栽、美化室内的好材料。

17. 风信子

【学名】*Hyacinthus orietalis*

【别名】五色水仙，洋水仙

【科属】百合科，风信子属

【形态特征】多年生草花，具有球形鳞茎，皮膜有光泽，高30cm。单叶基生，叶带状披针形、肥厚。总状花序，花茎中空，稍比叶高，钟状小花10～40朵，裂片6，有白、黄、粉红、蓝、紫等色，芳香。蒴果，三棱。

【园林应用】喜阳光、温暖、湿润的环境，不耐寒。2～4月份开花，是冬季盆栽、水养或作切花好材料，可配置花坛、路旁、草坪边缘。

18. 铃兰

【学名】*Convallaria majalis*

【别名】君影草，草玉玲，香水花，鹿铃，小芦铃，草寸香，糜子菜，芦藜花

【科属】百合科，铃兰属

【形态特征】多年生宿根草本植物，高20cm，常成片生长。叶2～3枚基生，窄卵状披针形，基部抱茎，叶脉平行，基部叶鞘状。总状花序，花6～10朵，下垂，乳白色；苞片披针形，近顶端有关节；花被片6，浓香；浆果球形，熟后红色。变种有：大花铃兰、粉红铃兰、重瓣铃兰等。

【园林应用】喜半阴、凉爽、湿润环境，耐严寒，忌炎热、干燥。花期5～6月份，植株矮小，幽雅清丽，芳香宜人，入秋时红果娇艳，是优良的盆栽、水养观赏植物，也常用于花坛、花境，或作地被植物、切花。

19. 火炬花

【学名】*Kniphofia uvaria*

【别名】红火棒，火把莲

【科属】百合科，火把莲属

【形态特征】多年生宿根花卉，株高60cm，茎直立。叶丛生、草质、剑形，基部常内折，抱合成假茎。总状花序上着生数百朵筒状小花，呈火炬形，花冠橘红色。蒴果黄褐色，种子棕黑色。

【园林应用】喜温暖湿润阳光充足环境，耐半阴、耐寒。花期6～9月份，挺拔的花茎，壮丽可观，适宜作花境、切花。

20. 吉祥草

【学名】 *Reinecki carnea*

【别名】 松寿兰，小叶万年青，观音草，玉带草

【科属】 百合科，吉祥草属

【形态特征】 多年生常绿草花，有匍匐根状茎，节处生根。叶从基部簇生，带状披针形，深绿色。穗状花序，花葶短于叶丛；花被合生，管状，花红色，具芳香。浆果球形，鲜红色。变种有：花叶吉祥草。

【园林应用】 喜温暖、湿润，耐阴，稍耐寒。花期9～10月份，叶丛翠绿，浆果鲜红，常用作林缘地被、花坛镶边，也可盆栽，如垂吊盆，供室内观赏。

21. 沿阶草

【学名】*Ophiopogon bodinieri*

【别名】麦冬，羊胡子，书带草，长命草，绣墩草

【科属】百合科，沿阶草属

【形态特征】多年生常绿草本，高30cm，茎很短，根细，小块根纺锤形，地下茎长，节上具膜质的鞘。叶基生，革质，带状，先端渐尖，边缘具细锯齿。总状花序，高达15cm，苞片披针形；花被片卵状披针形，白色或紫色，子房下位。浆果蓝黑色。

【园林应用】耐阴，能耐高温和低温，耐湿又耐旱。花期8～9月份，长势强健，植株低矮，是一种良好的园林地被植物，能作盆栽观叶植物，点缀山石、花台或园路镶边。

22. 麦冬

【学名】*Ophiopogon japonicus*

【别名】大麦冬，土麦冬，鱼子兰，麦门冬

【科属】百合科，山门冬属

【形态特征】多年生常绿草本植物，根状茎短，块根纺锤形。叶带状线形，成丛生长，边缘具细锯齿。总状花序高80cm，苞片披针形，小花梗弯曲向下，花被片6，淡紫色，白色；子房上位。浆果球形，成熟时蓝黑色。同属有：阔叶麦冬，叶宽线形；麦门冬，具有匍匐根状茎，花蓝色。

【园林应用】喜光照充足、温暖湿润、喜通风良好的环境，耐寒，耐半阴。花期8～9月份，四季常绿，叶丛碧绿，生命力强，作为地被、花坛或草地镶边，盆栽观赏。

（三）鸢尾科

23. 鸢尾

【学名】*Iris tectorum*

【别名】蝴蝶花，草玉兰，蝴蝶花，蝴蝶兰，铁扁担

【科属】鸢尾科，鸢尾属

【形态特征】多年生草本，植株高50cm，根状茎短而粗。叶丛生剑形，淡绿色，先端尖，基部抱茎，全缘。花茎从叶丛中抽出，花葶与叶近等长，花开枝端2～3朵，蓝紫色，白色。蒴果长圆形。

【园林应用】耐寒，耐半阴湿，5～6月份开花，叶翠绿，花大而色艳，适宜布置花坛、花境、林缘，也可盆栽、切花布置室内。

24. 蝴蝶花

【学名】*Iris japonica*

【别名】日本鸢尾，兰花草，扁担叶

【科属】鸢尾科，鸢尾属

【形态特征】多年生宿根草本，有根状茎。叶基生，暗绿色，有光泽，剑形，顶端渐尖，无明显的中脉。总状聚伞花序，花茎直立，高于叶片，分枝5～12个；苞片叶状3～5枚，宽披针形；花2～4朵淡蓝色或蓝紫色，外花被裂片倒卵形或椭圆形，内花被裂片椭圆形或狭倒卵形。蒴果椭圆状柱形。

【园林应用】喜光、温凉湿润气候环境，也较耐阴，耐寒。花期3～4月份，果期5～6月份。具有叶色优美以及花枝挺拔的特点，可以用以花群、花丛以及花境。

25. 马兰花

【学名】*Iris Lactea Pall.* var. *chinese (Fisch). Koidz*

【别名】马蔺，蠡实，紫蓝草，兰花草，箭秆风，马帚子，马莲

【科属】鸢尾科，鸢尾属

【形态特征】多年生草本，根状茎粗壮，木质，斜伸。叶基生，狭剑形，灰绿色，带红紫色，无明显的中脉。花浅蓝色或蓝紫色，花被上有较深色的条纹，花茎光滑，花2～4朵；花梗长4～7cm；外花被裂片倒披针形，顶端钝或急尖，爪部楔形；内花被裂片狭倒披针形，爪部狭楔形。花色有蓝、白、黄、雪青等色。品种极多：矮株型、中株型、高株型等。

【园林应用】喜温暖、湿润和阳光充足环境，适宜背风、沙质壤土环境生长。花期5～6月份，果期6～9月份，花大新奇，花色绚丽，常作水土保持和固土护坡的理想植物，适宜丛植、花境、地被。

26. 唐菖蒲

【学名】*Gladiolus gandavensis*
【别名】马兰花，什样锦，菖兰，剑兰

【科属】鸢尾科，唐菖蒲属

【形态特征】多年生草花，高1m左右，球茎扁圆形，奶黄色或紫褐色。叶互生，剑形，向两侧伸展，灰绿色。穗状花序，蝎尾状，偏向一侧，花呈漏斗形，花被6片，花色有白、黄、蓝、红、橙、紫，或有斑纹、斑点。

【园林应用】喜温暖、阳光充足、排水良好的环境。6～10月份，花美色艳，花期较长，是切花、水养的重要材料，适宜作花坛、花境的背景。

27. 小苍兰

【学名】*Freesia refracta*
【别名】香雪兰，洋玉簪，洋晚香玉

【科属】鸢尾科，香雪兰属

【形态特征】多年生草花，鳞茎长卵圆形，茎长有分枝，高40cm。叶基生，两列，长剑形。总状花序扭曲，花偏生一侧，漏斗状，有黄、红、白、紫等色，芳香。变种有：红小苍兰，花瓣边缘玫瑰紫色；白花小苍兰；黄花小苍兰；白花狭管小苍兰。

【园林应用】喜凉爽、温暖、湿润、阳光充足的环境，不耐寒。花期2～5月份，花姿秀丽，花香浓郁，适于丛植或花坛镶边，也是切花、盆花的好材料。

28. 火星花

【学名】*Crocosmia crocosmiflora*
【别名】雄黄兰

【科属】鸢尾科，雄黄兰属

【形态特征】多年生草本，有球茎和匍匐茎，球茎扁圆形似荸荠，地上茎高约50cm，有分枝。叶线状剑形，基部有叶鞘抱茎而生。复圆锥花序，花多数，漏斗形，火红色，还有红、橙、黄三色；花被筒细而略弯曲，裂片开展。蒴果。

【园林应用】喜温暖气候阳光充足环境，耐寒，抗酷暑。花期6～8月份，是布置花境、花坛和作切花的好材料，可成片栽植于街道绿岛、建筑前、草坪、湖畔等。

29. 射干

【学名】*Belamcanda chinensis*

【别名】乌扇，乌蒲，黄远，夜干，乌翣，乌吹，草姜，鬼扇，凤翼

【科属】鸢尾科，射干属

【形态特征】多年生草本，根状茎横走，茎高1m，实心，叉状分枝。叶互生，嵌迭状排列，剑形，基部鞘状抱茎，顶端渐尖，无中脉。伞房花序顶生，花梗细，苞片披针形；花橙红色，散生紫褐色的斑点，花被裂片6，2轮排列。蒴果倒卵形，黄绿色。

【园林应用】喜温暖和阳光，耐干旱和寒冷。花期6～8月份，花形飘逸，适用于花境或切花。

（四）毛茛科

30. 芍药

【学名】*Paeonia lactiflora*
【别名】将离，殿春

【科属】毛茛科，芍药属

【形态特征】多年生宿根草花，根肉质，茎高1m左右。二回三出羽状复叶，基部及顶端有时单叶，小叶深裂，呈宽披针形。花单生，有长梗，似牡丹，大形，花色多样，有纯白、微红、黄、淡红、深红、紫红、洒金等。蓇葖果，柱状。种类很多：大易妃吐艳，花玉白色，蕊有斑点；铁线紫，花梗紫色；莲香白，花斑似荷花等。

【园林应用】喜阳，较耐寒，不耐盐碱、低温、积水。花期5月份，在园林中成片布置花境、花带、花台或设置专类花园，也是重要的切花插花装饰材。

31. 花毛茛

【学名】Ranunculus asiaticus
【别名】芹菜花，波斯毛茛，陆莲花，芹叶牡丹

【科属】毛茛科，花毛茛属

【形态特征】多年宿根草本花卉，茎单生，有毛，块根纺锤形。叶基生，阔卵形，2回3出羽状复叶，边缘有锯齿。花单生或数朵顶生，多为重瓣或半重瓣，花型似牡丹花，花色丰富，有白、黄、红、水红、大红、橙、紫和褐色等。

【园林应用】性喜凉爽湿润半阴环境，不耐严寒，忌炎热，既怕湿又怕旱。花期4～5月份，姿态玲珑，花色丰富艳丽，适宜布置庇荫露地、花坛及花境。

32. 耧斗菜

【学名】*Aquilegia viridflora*
【别名】耧斗花，西洋耧斗菜

【科属】毛茛科，耧斗菜属

【形态特征】多年生草花，高80cm左右，植体有柔毛。二回三出复叶，基生。花顶生而下垂，花萼5片，如花瓣；花瓣5，紫色、蓝色、白色等。栽培品种有：山宁环，花瓣黄色，萼片紫红色；洋牡丹，花淡紫红色或白色；加拿大耧斗菜，花瓣黄色，萼片黄或红色，花期4月份中旬至5月份中旬；华北耧斗菜，花瓣及萼片均为紫色，花下垂；金花耧斗菜，花瓣淡黄色，萼片深黄色带红晕，夏季开花；红花耧斗菜，花瓣黄色，萼片红色。

【园林应用】喜半阴，较耐寒，不耐高温。花期4～6月份，花大而美丽，姿态优美，适于花坛、花境、花箱、岩石园、林缘或树林下栽植。

253

33. 大花飞燕草

【学名】*Delphinium grandiflorum*
【别名】翠雀，兰雀花，小鸟草

【科属】毛茛科，翠雀属

【形态特征】多年生宿根草花，高70cm，全株被柔毛，多分枝。叶互生，掌状深裂，裂片线性。总状花序，萼片5，花瓣状蓝紫色；花瓣4，蓝紫色2、白色2。变种花色彩多变。蓇葖果。

【园林应用】喜光照充足凉爽环境，耐寒、耐旱、耐半阴、稍耐水湿，忌炎热气候。花期5～6月份，花色艳丽，花姿别致，花期较长，常植于花坛、花境、花箱或绿篱、林缘，也可盆栽、切花，配制花篮、花束。

34. 佛甲草

【学名】*Sedum lineare*

【别名】半支连，万年草，佛指甲

【科属】景天科，景天属

【形态特征】多年生草本植物，茎多浆肉质，丛生或下垂，高20cm。3叶轮生，叶线状披针形，先端钝尖，基部无柄，强光下黄绿色。花序聚伞状，顶生，疏生花，萼片5，线状披针形，花瓣5，黄色，披针形，先端急尖，基部稍狭。

【园林应用】喜阴凉湿润环境，耐寒、耐旱、耐盐碱瘠薄，忌过黏土或积水。花期4～6月份，碧绿的小叶宛如翡翠，整齐美观，既可作为盆栽欣赏，也可作为露天观赏地被栽植。

35. 费菜

【学名】*Sedum aizoon*
【别名】土三七，景天，见血散

【科属】景天科，景天属

【形态特征】多年生宿根草本，高40cm，植株光滑。叶互生，倒披针形，中部以上有锯齿。

花聚伞形花序，顶生，花径13cm，小花密生，黄色。雄蕊与花瓣等长。蓇葖果。

【园林应用】喜阳光通风良好和干燥的环境，耐阴，耐瘠薄，抗寒，较耐盐碱，忌过黏或积水。花期6～9月份，小花密集花型整齐，花期较长，用于布置花坛、花境、花台、花箱，也可盆栽作观叶植物置于室内。

36. 长寿花

【学名】*Narcissus jonquilla*

【别名】圣诞长寿花，矮生伽蓝菜，寿星花，家乐花，伽蓝花

【科属】景天科，伽蓝菜属

【形态特征】多年生草本多浆植物，植株小而直立，株高10～30cm。叶对生，椭圆形，密集翠绿，肉质，叶缘具波状钝齿，亮绿色，有光泽，叶边略带红色。圆锥状聚伞花序，花小，高脚碟状，花冠管状，花瓣4片，有绯红、桃红、橙红、黄、橙黄、白等色。蓇葖果，种子多数。

【园林应用】喜温暖湿润和阳光充足环境，耐干旱，不耐寒。花期2～5月份，叶片翠绿，花朵密集，适宜室内盆栽。

37. 红掌

【学名】*Anthurium andraeanum*

【别名】花烛，红鹅掌，火鹤花，安祖花

【科属】天南星科，花烛属

【形态特征】多年生附生常绿草本植物，株高一般为70cm，无茎，有毒。叶自短茎中抽生，革质，长心脏形，其叶颜色深绿，全绿，厚实坚韧，叶柄坚硬细长。具长柄，单生。肉穗花序无柄，顶生，圆柱形，直立，先端黄色，下部白色，花两性，有鲜红色、白色或者绿色；佛焰苞蜡质，正圆形至卵圆形，鲜红色、橙红肉色、白色。浆果，内有种子2～4粒，粉红色。同类品种繁多：花色有红、桃红、朱红、白、红底绿纹、鹅黄等色，苞片有大、小等变化。

【园林应用】喜温热多湿排水良好的半阴环境，怕干旱和强光暴晒。常年开花，花和佛焰苞片具有明亮蜡质光泽，为插花高级花材；适合盆栽、切花或园林荫蔽处绿化美化。

38. 马蹄莲

【学名】*Zantedeschia aethiopica*

【别名】水芋，慈姑花，观音莲慈姑花，野芋，海芋百合，花芋

【科属】天南星科，马蹄莲属

【形态特征】多年生宿根草花，高70cm左右，具肉质根状茎。叶基生，有长柄，叶片卵状箭形，全缘。肉穗花序，圆柱形，鲜黄色；佛焰苞花瓣状，白色卵形。浆果短卵圆形，淡黄色。栽培品种有：红花马蹄莲，佛焰苞红色；黄花马蹄莲，叶有半透明，白色斑点，佛焰苞黄色；银星马蹄莲，佛焰苞白色。

【园林应用】喜温暖、湿润、半阴的环境，不耐寒，忌干旱。花期5～6月份，挺秀雅致，花苞洁白，花叶两绝，常用于盆栽、制作花束、花篮、花环和瓶插。

（七）酢浆草科

39. 红花酢浆草

【学名】*Oxalis corymbosa*

【别名】夜合梅，大叶酢浆草，三夹莲，铜锤草，南天七

【科属】酢浆草科，酢浆草属

【形态特征】多年生草本，丛生状，高15cm，地下茎球形。三出复叶，小叶心形，先端凹陷，基部楔形，全缘，有瘤状腺体。伞形花序顶生，花序梗纤细，有毛；萼片与花瓣均为5，紫红色。

【园林应用】喜阳光温暖湿润的环境，抗旱，不耐炎热，不耐寒。花期7～8月份，阳光下开放，花期长，可以布置于花坛、花境，又适于大片花地被种植。

40. 紫叶酢浆草

【学名】*Oxalis acetosella*

【别名】红叶酢浆草，三角酢浆草，紫叶山本酢浆草，酸浆草，酸酸草

【科属】酢浆草科，酢浆草属

【形态特征】多年生宿根草本，具透明的肉质根。三出掌状复叶，簇生，叶呈三角形，正面玫红，叶背深红色，且有光泽；叶片肥大晴天开放，夜间闭合。伞形花序，花浅粉色，5～8朵簇生；萼片长圆形；花瓣5枚，倒卵形，花丝基部合生。蒴果近圆柱状，有柔毛。

【园林应用】喜光，耐半阴，较耐寒，喜温暖湿润环境。花期4～11月份，花茎细长婀娜多姿，花多叶艳，植株整齐，适宜成片布置花坛、花境及草坪镶边等。

41. 大岩桐

【学名】*Sinningia speciosa*
【别名】落雪泥，六雪尼

【科属】苦苣苔科，大岩桐属

【形态特征】多年生草本，块茎扁球形，地上茎极短，株高20cm，全株密被白色绒毛。叶对生，肥厚而大，长椭圆形，有锯齿。花冠钟状，大而美丽，先端浑圆，浅裂5，有粉红、红、紫蓝、白、复色等色。蒴果。园艺品种繁多，有蓝、白、红、紫和重瓣、双色等品种。

【园林应用】喜温暖、湿润、半阴环境，忌强光直射，不耐寒。4～5月份或7～8月份开花。植株小巧玲珑，叶茂翠绿，花朵姹紫嫣红，适宜室内盆栽观赏，配置花坛。

42. 仙客来

【学名】*Cyclamen persicum*

【别名】萝卜海棠，兔儿花，一品冠

【科属】报春花科，报春花属

【形态特征】多年生球根草花，球茎肉质圆形。叶从球茎顶部出生，心形，边缘齿状，丛生，长柄紫色，有淡绿板块。花梗细长单生于球茎顶部叶腋，高20cm，花蕾下垂；花瓣外卷，有白、红、紫等色。蒴果球形。品种有大花型、皱瓣型、平瓣型等。

【园林应用】喜温暖、湿润的气候，稍耐阴、耐寒，休眠时喜凉爽干燥，不耐夏季高温、高湿。花期冬季，适宜盆栽、切花观赏，也可配置花坛、花境，美化庭园。

43. 美人蕉

【学名】*Canna indica*

【别名】红艳蕉，昙华，蓝蕉，红蕉

【科属】美人蕉科，美人蕉属

【形态特征】多年生球根花卉，高1m，根状茎肉质，多分叉，光滑，茎叶均被白粉。叶大、互生，广椭圆披针形，全缘，羽状叶脉，绿色或紫色。总状花序，花有鲜红、橘红、粉红、橙黄、淡黄、乳白，花瓣，萼片各3枚，半蒴形。蒴果，有刺毛。品种有矮型、水生等，不同叶色的：红花美人蕉、黄花美人蕉、双色鸳鸯美人蕉等。

【园林应用】喜高温、湿润、阳光充足的环境，不耐寒。花期6～10月份，花大色艳，枝叶繁茂，花期长，适宜片植、丛植，或作花坛花境的背景。矮生种适宜作盆栽，也可切花、插花供室内装饰。

44. 大丽花

【学名】*Dahlia pinnata*
【别名】大丽菊，大理花，天竺牡丹

【科属】菊科，大丽花属

【形态特征】多年生球根花卉，地下块茎肥大，乳白色，茎中空，皮光滑。叶对生，羽状深裂，正面深绿色，背面灰绿色。头状花序顶生，舌状花瓣，花红、橙、黄等色；中央管状花两性。瘦果扁平黑色。类型很多：单瓣型、菊花型、牡丹花型、细瓣型、球型等。

【园林应用】喜阳光通风良好的环境，不耐高温和严寒。花期7～10月份，枝叶健美，花大色艳，花期较长，适宜花台、环境、切花插瓶，制作花环、花篮。

45. 菊花

【学名】*Dendranthema morifolium*
【别名】鞠，黄花，秋菊，女华，九华，甘菊花等

【科属】菊科，菊属

【形态特征】多年生宿根亚灌木，高50cm，幼茎被柔毛。单叶互生，叶片深裂，形态多变。头状花序，边缘为舌状花，中部为筒状花，花瓣有匙瓣、平瓣、管瓣等，花色有白、黄、绿、红、紫等。瘦果。品种特多，常用高矮、花期、花色等进行分类。

【园林应用】性喜凉爽，耐寒，傲霜，怕积水，忌连作。花期秋季为主，花色五彩缤纷，姿态傲霜怒放，在园林中配植于花坛、花境、小品四周；制作立体花坛、盆栽或切花，供室内观赏。

46. 勋章菊

【学名】*Gazania rigens*
【别名】非洲太阳花，勋章花

【科属】菊科，勋章菊属

【形态特征】多年生草本，具根茎，株高30cm左右。叶丛生，倒卵状披针形，全缘或有浅羽裂，叶背面有柔毛。花头状，单生，有长花梗，花心部分有深色斑点，形似勋章；舌状花白、黄、橙红色，有光泽。

【园林应用】喜阳光凉爽环境，耐旱，耐寒，耐贫瘠土壤。花期4～5月份，花色艳丽、花纹复杂、株型奇特，适宜布置花坛和花境，也是很好的盆栽、插花材料。

47. 银叶菊

【学名】*Senecio cineraria*
【别名】雪叶菊

【科属】菊科，千里光属

【形态特征】多年生草本，植株多分枝，高在50～80cm。叶一至二回羽状分裂，较薄，被银白色柔毛。头状花序，单生枝顶，花小黄色，紫红色。

【园林应用】喜光照、凉爽，耐寒，傲霜，怕积水，不耐酷暑，忌连作。花期6～9月份，群植草坪广场，一片白雪景观，是重要的花坛、花境的观叶植物。

48. 紫菀

【学名】*Aster tataricus*

【别名】青菀，紫倩，小辫，返魂草，山白菜

【科属】菊科，紫菀属

【形态特征】多年生草本，高80cm，茎直立粗壮，有棱，被粗毛，基部有不定根。叶疏生，长椭圆状匙形，上面被短糙毛，顶端尖，边缘有浅齿。头状花序复伞房状，苞叶线形；舌状花蓝紫色；管状花黄色。瘦果长圆形，紫褐色。

【园林应用】耐寒，耐涝，怕干旱，花期7～9月份，花繁色艳，适于盆栽室内观赏和布置花坛、花境等。

49. 柳叶菊

【学名】*Aster nove-belgii*
【别名】荷兰菊，纽约紫菀

【科属】菊科，紫菀属

【形态特征】多年生草本，茎丛生，多分枝，高80cm左右，植体光滑无毛，须根较多，有地下茎。叶披针形，全缘，幼嫩时微呈紫色。头状花序，单生；花蓝色、蓝紫色、玫瑰红色、白色等。

【园林应用】喜阳光充足凉爽湿润和通风的环境，耐干旱、耐寒、耐瘠薄。8～10月份开花，花繁色艳，适于盆栽室内观赏和布置花坛、花境等。

50. 非洲菊

【学名】*Gerbra jamesonii*

【别名】扶郎花，灯盏花，秋英，波斯花，千日菊，太阳花，菖白枝

【科属】菊科，大丁草属

【形态特征】多年生草本花卉，株高40cm，根状茎短，具较粗的须根。叶基生莲座状，矩圆状匙形，羽状深裂。头状花序单生于花葶之顶，花朵硕大，总苞钟形；花托扁平蜂窝状；舌状花瓣淡红色、紫红色、白色、黄色。

【园林应用】性喜温暖、阳光充足、空气流通的环境。全年开花，花色鲜艳，花期长，适于制作切花、花篮、盆栽装点室内环境，布置花坛、花境、花箱，美化庭院环境。

51. 茼蒿菊

【学名】*Argyranthemum frutescens*
【别名】蓬蒿菊，木茼蒿

【科属】菊科，茼蒿属

【形态特征】多年生草本或亚灌木，株高100cm，茎基部呈木质化，全株光滑无毛，多分枝。单叶互生，不规则的二回羽状深裂，裂片线形，头状花序，生于上部叶腋中，花梗较长，舌状花1～3轮，白色或淡黄色；筒状花黄色。

【园林应用】喜阳光，凉爽湿润环境，不耐炎热，耐寒力不强，怕水涝。花期4～6月份，适宜制作花境、花箱和各种环境绿化美化材料。

52. 除虫菊

【学名】*Chrysanthemum cinerariaefolium*

【别名】白花除虫菊

【科属】菊科，除虫菊属

【形态特征】多年生草本，株高30～80cm，全侏被灰色细毛，茎直立多分枝。叶卵圆形，2回羽状全裂，小裂片条形，先端尖锐。头状花序，单生枝顶，径约3～4cm，具长梗。

【园林应用】喜阳光、温湿环境，耐低温，怕霜冻，忌连作，不耐涝。花期5～6月份，一年可开2次花，花朵丰富，色彩艳丽，常用作切花，也可以布置花境、花箱，美化净化环境。

53. 蛇鞭菊

【学名】*Liatris spicata*
【别名】麒麟菊，猫尾花

【科属】菊科，蛇鞭菊属

【形态特征】多年生草本花卉，茎基部膨大呈扁球形，地上茎直立，株形锥状，花葶直立，多叶。叶线形或披针形，基生叶线形，由上至下逐渐变小，叶色浓绿，下部叶平直或卷曲，上部叶平直，斜向上伸展。头状花序，排列成穗状，每个花序由300朵左右管状花组成，花红紫色，小花由上而下次第开放。变种：聚花蛇鞭菊、蔷薇蛇鞭菊等。

【园林应用】喜阳光充足、气候凉爽的环境，耐阴，耐寒，耐热，耐水湿，耐贫瘠土壤。花期7～8月份，姿态优美，花期长，是重要的插花材料，也是园林绿化珍品。

54. 松果菊

【学名】*Echinacea purpurea*
【别名】紫锥花，紫锥菊，紫松果菊

【科属】菊科，松果菊属

【形态特征】多年生草本植物，茎直立，株高50～150cm，全株具粗毛。茎生叶卵状披针形，边缘有缺刻状锯齿，叶柄基部稍抱茎。头状花序，生于枝顶，花茎挺拔，中心部分突起呈松果状；舌状花紫红色；管状花有橙黄色、白色等。

【园林应用】喜温暖向阳环境，稍耐寒，也耐热，忌水湿。花期5～10月份，花朵较大，色彩艳丽，外形美观，是庭院、公园、花境、街头绿地节日摆花的佳品。

（十三）石竹科

55. 瞿麦

【学名】*Dianthus superbus*
【别名】高山瞿麦

【科属】石竹科，石竹属

【形态特征】多年生草本，茎丛生，分枝光滑无毛，节中空膨大。叶对生，线状披针形，多皱缩，顶端锐尖，中脉特显，基部合生成鞘状。圆锥花序，苞片倒卵形，顶端长尖；花萼圆筒形，常染紫红色晕，萼齿披针形；花瓣卷曲，先端深裂成丝状，爪长1.5～3cm，通常淡红色或带紫色，稀白色，芳香，喉部具丝毛状鳞片；雄蕊和花柱微外露。蒴果圆筒形，顶端4裂。

【园林应用】性喜光，耐寒，耐旱性。花期6～9月份，可布置花坛、花境或岩石园，也可盆栽或作切花。

56. 康乃馨

【学名】*Dianthus caryophyllus*
【别名】香石竹，狮头石竹，麝香石竹，大花石竹

【科属】石竹科，石竹属

【形态特征】多年生草本，基部木质化，高40～70cm，全株无毛，粉绿色，茎丛生，上部分枝稀疏。单叶对生，线状披针形，叶基抱茎，中脉凹下明显。花单生枝端，有时2或3朵，有香气，粉红、紫红或白色；苞片宽卵形，顶端短凸尖；花萼圆筒形；瓣片倒卵形，顶缘具不整齐齿。蒴果卵球形，稍短于宿存萼。品种有：大花型、散枝型等。

【园林应用】喜阳光、凉爽、干燥、空气流通环境；不耐寒，不耐积水，不耐高温炎热。花期5～9月份，常用作切花，矮生品种体态玲珑，芳香清幽，常用于盆栽观赏。

57. 大花剪秋罗

【学名】*Lychnis fulgens*
【别名】光辉剪秋罗

【科属】石竹科，剪秋罗属

【形态特征】多年生宿根花卉，高50cm，纺锤形根，茎单生，直立，全体疏生长柔毛。单叶对生，卵状长椭圆形。聚伞花序，2～3朵花生枝顶，苞片钻形；花梗短；萼管棍棒形；花瓣5，深红色，基部有爪，瓣片4裂，喉部有2鳞片。蒴果5瓣裂。同属还有剪秋罗。

【园林应用】喜肥沃喜排水良好壤土，耐寒，耐阴。花期6～8月份，花色鲜艳，是配置花坛、花境及点缀岩石园的好材料，还可用做盆栽或切花。

58. 石碱花
【学名】*Saponaria officinalis*
【别名】肥皂花，肥皂草

【科属】石竹科，肥皂草属

【形态特征】多年生宿根花卉，株高80cm。叶对生，椭圆状披针形。聚伞花序顶生，花淡红或白色，花瓣有单瓣及重瓣。常用栽培种：岩石碱花，蔓生，多分枝，叶椭圆状披针形，花瓣粉红色，花萼红紫色。

【园林应用】适应性强，耐寒、耐旱，花期6～8月份，用于园林花境背景或花地被，丛植于林地、篱旁。

59. 满天星

【学名】*Gypsophila paniculata*

【别名】霞草，丝石竹，锥花丝石竹，圆锥石头花，宿根满天星，锥花霞草

【科属】石竹科，丝石竹属

【形态特征】多年生宿根花卉，高30～80cm，根粗壮，茎直立，多分枝，无毛或下部被腺毛。叶片披针形或线状披针形，顶端渐尖，中脉明显。圆锥状聚伞花序，疏散，花小而多，花梗纤细，无毛，花瓣白色或淡红色，匙形，顶端平截或圆钝。

【园林应用】适应性强，花期6～10月份，非常适合切花、盆景制作，也可花坛、花境、路边和花篱栽植。

（十四）唇形科

60. 薰衣草

【学名】*Lavandula angustifolia*

【别名】香水植物，灵香草，香草，黄香草

【科属】唇形科，薰衣草属

【形态特征】多年生草本，或亚灌木，高80cm，植株具有香气。叶对生，线状披针形，叶缘反卷或羽状分裂。穗状花序顶生，花萼短；花冠长筒状，上唇2裂，下唇3裂，紫蓝色、粉红、白色等。观赏的种类较多：西班牙薰衣草、齿叶薰衣草、蕨叶薰衣草等。

【园林应用】喜阳光凉爽气候环境，耐寒、耐干旱瘠薄，抗盐碱，半耐热。花期6～8月份，淡紫色，淡香，可以用于花坛、花境种植，也可做干花和饰品。

61. 随意草

【学名】*Physostegia virginiana*
【别名】芝麻花，假龙头花，囊萼花，棉铃花，虎尾花，一品香

【科属】唇形科，随意草属
【形态特征】多年生宿根草本，多分枝，具匍匐茎，地上茎直立四方形，高1m。叶对生，披针形，有锯齿，呈亮绿色。穗状圆锥花序，顶生，花萼钟形被粘性腺毛；花冠唇形，唇部膨大，有紫色、白色、桃红、玫瑰色、雪青、紫红色。

【园林应用】喜阳光充足温暖湿润的环境，耐寒，不耐旱和暴晒。7～8月份夏季开花，株态挺拔，叶秀花艳，常用于花坛、花境、地被、盆栽或切花。

（十五）秋海棠科

62. 秋海棠

【学名】*Begonia grandis*
【别名】秋花棠，海花

【科属】秋海棠科，秋海棠属

【形态特征】多年生草本花卉，球茎类，茎直立，有分枝，有纵棱。叶互生，宽卵形，两侧偏斜，边缘三角形浅齿带短芒，有红晕，下面色淡，带紫红色，托叶长圆形至披针形膜质。花葶光滑有纵棱，花粉红色，苞片长圆形，花药倒卵球形。蒴果下垂。品种数千种有：球茎类、根茎类、须根类等。

【园林应用】喜温暖、潮湿、半阴环境，较耐寒，不耐高温、强光。7月份开花，花形多姿，叶色柔媚，适宜配置花坛和草坪边缘，也可盆栽悬挂观赏。

63. 球根秋海棠

【学名】*Begonia tuberhybrida*

【别名】球根海棠，茶花海棠

【科属】秋海棠科，秋海棠属

【形态特征】多年生花卉，球茎类，茎直立，肉质，被毛，高约30cm。叶大，互生，心形，先端锐尖，基部偏斜，叶缘有粗齿及纤毛。聚伞花序，花大有单瓣或重瓣，有红、白、粉红、复色等，并有香味。

【园林应用】喜温暖、湿润的半阴环境，不耐高温，亦不耐寒。春季开花，花大色艳，著名的盆栽花卉，也适宜布置花坛。

64. 红花竹节海棠

【学名】*Begonia coccinea*
【别名】竹节海棠，珊瑚秋海棠

【科属】秋海棠科，秋海棠属

【形态特征】多年生肉质草本植物，须根类，直立高60cm，基部木质化，红褐色，茎竹节状，平滑无毛。叶斜圆状卵形，肉质，基部心形，顶端尖，叶缘有波状锯齿，叶面布有圆形小白点，叶柄肥厚紫红色。聚散花序腋生，花淡红色或白色；子房大而有翅。

【园林应用】喜温暖湿润环境，耐半阴，不耐寒，怕酷热。夏秋开花，最适宜盆栽美化环境，用来点缀客厅、阳台等。

65. 兰花

【学名】*Cymbidium* spp.
【别名】幽兰，山兰，芝草

【科属】兰科，兰属

【形态特征】多年生草花卉，丛生，须根肉质，有花茎，根茎之分，节间短。叶带形，全缘或细锯齿，平行叶脉。总状花序，花被瓣6，分内外两层，外面3瓣为萼；内部3瓣为花瓣。蒴果，具有天下第一香之称。

栽培品种有2000多种，因开花季节不同，中国兰可分为4大类：春兰、夏兰、秋兰、寒兰。

【园林应用】喜阴、温暖湿润的气候，一年四季均有花开，叶茂花盛终年常青，清香四溢，适宜布置园林庇荫处，或作盆栽欣赏。

春兰（草兰），2～3月份开花，叶缘有锯齿，花茎短于叶，花多为单生，嫩绿色，淡香。

夏兰（蕙兰、九节兰），根系发达，植物挺拔，叶脉透明，花朵大。4～5月份开花，总状花序，花葶高70cm，花5～13朵黄绿色，唇瓣白色，有紫色斑点，浓香。

秋兰（建兰，四季兰），植根粗健。夏、秋开花，花茎短，叶片2～6枚，总状花序，花6～12朵，花黄绿色，有紫条纹，具有浓香。

寒兰（冬兰），植株瘦长，不耐寒。叶细，叶脉明显。冬、春季开花，花葶细而直立，小花5～10朵，瘦长，有白、黄、青、桃红、紫色等或紫褐色条纹，芳香。

墨兰（报岁兰），花淡紫黑色。冬春开花，花茎粗壮，比叶长，小花5～12朵，浓香。叶亮丽，全缘，叶脉不明显。

66. 大花蕙兰

【学名】*Cymbidium hybrid*

【别名】喜姆比兰，蝉兰

【科属】兰科，兰属

【形态特征】是常绿多年生附生草本，假鳞茎粗壮通常有12～14节，每个节上均有隐芽。根系粗壮肥大。叶片2列，长披针形，叶色受光照强弱影响很大，可由黄绿色至深绿色。花序较长，小花数一般大于10朵，花被片6，外轮3枚为萼片，花瓣状，内轮为花瓣，下方的花瓣特化为唇瓣。花型大，花色有白、黄、绿、紫红色或带有紫褐色斑纹。

【园林应用】喜冬季温暖和夏季凉爽半阴环境。花期10～4月份，适用于盆栽装点室内。

67. 蝴蝶兰

【学名】*Phalaenopsis aphrodite*

【别名】蝶兰，台湾蝴蝶兰

【科属】兰科，蝶兰属

【形态特征】多年生草本，附生兰，扁根如带，有疣状突起，茎很短，常被叶鞘所包。叶片稍肉质，常3～4枚或更多，上面绿色，背面紫色，基部楔形或有时歪斜，具有短鞘。总状花序，长50cm，花序柄绿色，苞片卵状三角形；花蝴蝶状，唇瓣末端有2卷须，花白色、紫色等。园艺品种较多。

【园林应用】性喜暖多湿通风环境，耐阴，畏寒。花期4～6月份，花朵蝴蝶飞舞，常用于切花、制作花束或盆插，也可布置花境、花箱，美化环境。

（十七）堇菜科

68. 三色堇

【学名】*Viola tricolor*
【别名】蝴蝶花，鬼脸花

【科属】堇菜科，堇菜属

【形态特征】多年生草花，常作2年栽培。常匍匐地面，高20cm左右，多分枝。叶互生，卵状椭圆形，有锯齿，托叶羽状分裂。花大，具有5瓣，心部有深色斑块，形如蝴蝶又像鬼脸，每朵花具有三种色，故称三色堇。蒴果。栽培品种有：阿尔泰堇菜，花大，黄色，紫色；紫花地丁，花淡紫色；角堇，花黄色有香味；香堇菜，花芳香；鸟足堇菜，花色紫白。

【园林应用】性喜凉爽气候和疏松肥沃土壤，较耐寒，不耐炎热和积水。12月～次年5月份开花，适于作花坛、花径的配材，也可沿园路两边或草坪边缘配植。

69. 角堇

【学名】*Viola cornuta*

【别名】小三色堇

【科属】堇菜科，堇菜属

【形态特征】多年生草本花卉，株高20cm。叶卵形，有粗锯齿，托叶大。花小，花朵繁多，形偏长，浅色，中间具有须状的黑色线条。

【园林应用】喜凉爽环境，耐寒、耐热。春季至秋季开花，株形较小，开花早、花期长、色彩丰富，是布置花坛的优良材料，也可用于地被和盆栽观赏。

70. 山桃草

【学名】*Gaura lindheimeri*

【别名】千鸟花，白桃花，白蝶花，千岛花，玉蝶花

【科属】柳叶菜科，山桃草属

【形态特征】多年生草花，丛生，茎直立，多分枝，入秋变红色，被柔毛。叶无柄，椭圆状披针形，边缘具波状齿，两面被柔毛。长穗状花序，顶生，苞片披针形；花萼有柔毛；花瓣白色，排向一侧，椭圆形，柱头深4裂，伸出花药之上。花型似桃花，紫红色；蒴果坚果状，有棱。

【园林应用】喜阳光充足凉爽、湿润环境，较耐寒，耐干旱，耐半阴。晚春至初秋开花，花拂晓时开放，白色；到黄昏则是粉红色。适合群栽，供花坛、花境、地被、盆栽、草坪点缀，适用于成片群植。

71. 柳兰

【学名】*Epilobium angustifolium*

【别名】铁筷子，火烧兰，糯芋

【科属】柳叶菜科，柳兰属

【形态特征】多年粗壮草本，直立，根状茎匍匐表土层，长达1m，木质化。叶螺旋状互生，无柄，披针状长圆形，边缘稀疏浅小齿，稍微反卷。总状花序顶生，直立，花在芽时下垂，到开放时直立展开，萼片4；花瓣4枚，紫红色。蒴果，柱形，密被柔毛。

【园林应用】喜温暖湿润，极耐寒，花期6～9月份，花穗长大，花色艳美，是较为理想的夏花植物，适宜花境的背景材料，也用作插花。

72. 荷包牡丹

【学名】*Dicentra spectabilis*

【别名】紫奎，兔儿牡丹

【科属】罂粟科，荷包牡丹属

【形态特征】多年生草花，根粗壮，地下茎平生肉质，高60cm。叶对生，三回羽状复叶，裂片三角形，有白粉。总状花序，顶生，弯曲；花瓣4，心形，粉红色，白色。蒴果柱形。栽培种还有：白花荷包牡丹，花白色；大花荷包牡丹，花淡黄色；加拿大荷包牡丹，花白色带有紫晕；美丽荷包牡丹，花粉红或暗红。

【园林应用】喜阳，好湿润，也能阴、耐寒。花期4～6月份，整株美观，适宜布置花境、地被，点缀园景，也可作切花、盆栽布置室内。

（二十）花葱科

73. 天蓝绣球

【学名】*Phlox paniculata*

【别名】宿根福禄考，锥花福禄考，草夹竹桃，大花福禄考，夏福禄

【科属】花葱科，天蓝绣球属

【形态特征】多年生草本植物，茎直立，高可达100cm，粗壮。根茎半木质化。叶交互对生，卵状披针形，全缘，顶端渐尖，基部楔形，全缘，边缘疏生短毛。伞房状圆锥花序，多花密集成顶生，花梗和花萼近等长，花萼筒状；花冠高脚碟状，被微柔毛，淡红、红、白、紫等色。蒴果卵形，褐色。栽培种较多，有直立、匍匐、蔓生等型。

【园林应用】性喜温暖、湿润、阳光充足或半阴的环境，耐寒，不耐热，不耐旱，忌积水和烈日暴晒。夏、秋开花，姿态幽雅，花朵繁茂，可作花坛、花境材料，也可盆栽观赏，或作切花用。

74. 鹤望兰

【学名】*Strelitzia reginae*

【别名】天堂鸟，极乐鸟花

【科属】旅人蕉科，鹤望兰属

【形态特征】多年生草本植物，无茎，高2m。叶片芭蕉状，革质，长椭圆形，排列两侧，顶端急尖，叶柄细长。花数朵生于总花梗上，下托一佛焰苞，佛焰苞绿色，边紫红；萼片橙黄色；花瓣暗蓝色。

【园林应用】喜阳光充足温暖、湿润的环境，畏严寒，忌酷热、旱、涝。花期冬季，四季常青，叶大姿美，花形奇特，用于插花、丛植于院角、制作花境景观。

75. 旱金莲

【学名】*Tropaeolum majus*

【别名】旱荷，寒荷，金莲花，旱莲花，金钱莲，寒金莲，大红雀

【科属】旱金莲科，旱金莲属

【形态特征】多年生，或一年生半蔓生植物，株高30cm。叶基生，盾状圆形，主脉9条由叶柄着生处向四面放射，边缘有波浪形，背面有疏毛，长柄着生于叶片中心处。花单生叶腋，花柄长13cm；花色有黄、紫、橘红、杂色等；花托杯状；萼片5，基部合生；花瓣5，通常圆形，边缘有缺刻。瘦果扁球形。

【园林应用】喜温暖湿润气候，不耐寒和酷暑暴晒。全年开花，香气扑鼻，颜色艳丽，茎蔓柔软娉婷多姿，常用于盆栽装饰室内，也可布置花境。

76. 紫茉莉

【学名】*Mirabilis jalapa*

【别名】洗澡花，草茉莉，状元红，宫粉花，胭脂花，芬豆子，叶娇娇

【科属】紫茉莉科，紫茉莉属

【形态特征】多年生草花，常作一年生栽培，茎直立，高达1m，多分枝，节膨大。单叶对生，心脏形或卵形，边缘微波。花数朵顶生，花冠喇叭形有白、粉、黄、红、紫、玫瑰等色，或有条纹、斑块，红白、黄白两色相间，芳香。瘦果球形。

【园林应用】性喜阳光温暖湿润的环境，耐半阴，不耐寒。花期7～9月份，花黄昏翌日清晨开放，芳香扑鼻，适宜庭园、窗前、门旁、花坛或花境成丛配植。

（二十四）马鞭草科

77. 美女樱

【学名】*Verbena hybrida*

【别名】苏叶梅，铺地锦，铺地马鞭草，四季绣球

【科属】马鞭草科，马鞭草属

【形态特征】多年生草花，常作1～2年生栽培，枝茎四棱匍匐状，全株有毛。叶对生，披针形，边缘有钝齿。伞房状花序顶生，花冠漏斗状，顶部5裂，有紫、蓝、红、黄、白等色，有长梗；花萼筒状。

【园林应用】喜温暖、湿润，较耐寒，不耐干旱，不耐阴。5～10月份开花，枝叶繁茂茂，花期较长，花色繁多，适宜配置花坛、花镜，也可作盆栽悬挂和切花插瓶。

78. 天竺葵

【学名】*Pelargonium hortorum*

【别名】石蜡红，洋绣球，人腊红，绣球花，洋葵

【科属】胧牛儿苗科，天竺葵属

【形态特征】多年生草花，茎粗壮、多汁、基部木质化，被细柔毛，具特殊气味。叶互生，肾形，基部心形，边缘有波形钝锯齿，常具暗红色环纹。伞形花序顶生，花序柄长，小花多数，有重瓣、单瓣，花色有大红、粉红、肉红、玫瑰红、白等色。种子长椭圆形，褐色。同属有：大花天竺葵、香叶天竺葵、蔓性天竺葵等。

【园林应用】喜阳光和温暖干燥环境，怕水湿，怕高温，不耐寒。花期10月~次年6月份，除夏天之外均有花开，花色繁多，花期很长，适宜花坛和盆栽栽植。

（二十六）夹竹桃科

79. 长春花

【学名】*Catharabthus roseus*

【别名】五瓣莲，山矾花，日日草，金盏草，四时春，雁头红，三万花

【科属】夹竹桃科，长春花属

【形态特征】多年生直立草本，常作一二年栽培，高约50cm，茎方形，灰绿色。叶交互对生，长椭圆形，全缘或微波状，先端圆有短尖头。聚伞花序，花冠圆筒状5裂，向左覆盖，红色，紫红、玫瑰红、粉红、白色等；花萼5深裂。蓇葖果圆柱形，有柔毛。

【园林应用】喜温暖阳光充足的环境，耐热，耐干旱，耐半阴，不耐寒。全年开花，适宜花坛、花境种植，或成片种植创造色块，或配置花箱和盆景。

80. 新几内亚凤仙 【学名】*Impatiens Linearifolia*

【**科属**】凤仙花科，凤仙花属

【**形态特征**】宿根性多年生常绿草花，植株肉质，暗红色，光滑，高40cm，冠幅30cm。叶互生或轮生，卵状披针形，叶脉明显有红晕。聚伞房花序，腋生，有距，花瓣5，有单瓣或重瓣，花色有红、桃红、紫红、橙色、橙红、纯白等。

【**园林应用**】喜温暖湿润气候，耐阴，不耐寒，忌烈日暴晒，不耐旱，怕水涝。花期长，4～9月份开花，可作盆栽，布置花台、花坛、美化庭园等。

（二十八）桔梗科

81. 桔梗

【学名】*Platycodon grandiflorus*

【别名】包袱花，铃铛花，僧帽花，苦根菜，梗草，六角荷，白药

【科属】桔梗科，桔梗属

【形态特征】多年生草本植物，茎高60cm，不分枝。叶卵形至披针形，3叶轮生，基部圆钝，先端急尖，边缘具细锯齿。假总状花序，花顶生，花萼钟状；花冠五裂，蓝色、紫色或白色。蒴果球状。

【园林应用】喜阳光凉爽气候，喜湿润，耐寒，稍耐阴。7～9月份开花，花期长，可作观赏花卉配置岩石园或花坛、花境。

82. 矾根

【学名】*Heuchera micrantha*

【别名】珊瑚铃

【科属】虎耳草科，矾根属

【形态特征】多年生宿根草本花卉，浅根性。叶基生，阔心型，长25cm，叶色多变，叶片的色彩艳丽，在不同季节、环境和温度下颜色会有丰富的变化。花小，钟状，花径0.6～1.2cm，红色，两侧对称。

【园林应用】喜光也耐阴，喜湿润排水良好土壤，耐寒，忌强光直射。花期4～10月份，是理想的花境材料，多用于林下花境、花坛、花带、彩叶阴生地被，庭院绿化。

（三十）鸭跖草科

83. 紫竹梅

【学名】*Setcreasea purpurea*
【别名】紫露草，紫叶草，紫叶鸭跖草

【科属】鸭跖草科，紫露草属

【形态特征】多年生草本，植株高30cm，茎紫褐色，匍匐状，节上常生须根。叶互生，卵圆形，先端渐尖，全缘，紫红色，基部抱茎而成鞘，鞘口有白色长睫毛。小花，总苞片2；萼片3，绿色，卵圆形，宿存；花瓣3，蓝紫色，广卵形。蒴果椭圆形，有棱线。变种；叶上有白色条纹。

【园林应用】喜温暖湿润，耐半阴、干旱，忌阳光暴晒，不耐寒。春夏季开花，花色桃红，植株全年呈紫红色，枝蔓下垂，特色鲜明，适宜庭院绿化美化、布置地被、盆栽垂挂。

（三十一）千屈菜科

84. 千屈菜

【学名】*Lythrum salicaria*
【别名】水枝柳，水柳，对叶莲

【科属】千屈菜科，千屈菜属

【形态特征】多年生草本，根茎粗壮，茎直立，枝4棱，高1m。叶对生或三叶轮生，披针形或阔披针形，全缘，无柄。穗状花序，小花簇生，苞片阔披针形；萼筒裂片6；花瓣6，红紫色或淡紫色，倒披针状长椭圆形，基部楔形，着生于萼筒上部，有短爪，稍皱缩；雄蕊12，伸出萼筒之外。蒴果扁圆形。

【园林应用】喜强光水湿，耐寒，常生于河岸、湖畔、溪沟边。花期4～9月份，株丛整齐，耸立而清秀，花朵繁茂，是创造水景的优良材料，也可作花境材料及切花、盆栽。

第五章　藤本花卉

　　藤本花卉主茎不能直立，靠攀附墙壁、花架、花格、树干等物之上生长。例如园林中常用的木质藤本有紫藤、凌霄、木香、金银花、葡萄、爬山虎、常春藤等；常用的草质藤本有观赏南瓜、观赏葫芦、香豌豆、牵牛花、茑萝、月光花等。

一、木质藤本
（一）豆科

1. 紫藤
【学名】*Wisteria sinensis*
【别名】藤萝，朱藤，黄环

【科属】豆科，紫藤属

【形态特征】落叶木质缠绕藤本，可长达10m多。奇数羽状复叶，互生，卵形，长圆形至卵状披针形，幼时密生短柔毛，全缘。花先叶开放，总状花序下垂，花瓣蝶状，紫蓝色，成串下垂，有香味。荚果扁长形。变种有：银藤，花白色，具浓香，干细瘦；夏藤，花白色或淡黄色；美国藤，夏季开花，紫色，具芳香。

【园林应用】喜光，稍耐阴，能抗旱，耐瘠薄，不耐积水。4～5月份开花，枝繁叶茂，花色浓艳，适于配置庭园门前、花架、花廊、花亭，缠绕假山，也可修剪制作盆景供室内观赏。

2. 凌霄

【学名】*Campisis grandiflora*

【别名】紫葳，鬼目，凌召，堕胎花，女葳花，武藏花

【科属】紫葳科，凌霄属

【形态特征】落叶木质藤本，长可达10m，有气根。奇数羽状复叶对生，小叶7～9枚，边缘有锯齿。顶生圆锥花序，花萼绿色5裂；花钟状5裂，金红色，朝开暮落。蒴果，条形。同属有：美国凌霄，小叶9～13枚，花较小，橘红色。

【园林应用】喜阳光充足、温暖湿润的环境，不耐阴湿寒冷，怕积水。7～9月份开花，常用于攀附棚架、假山、老树等，可使其更富有活力。

（三）蔷薇科

3. 木香

【学名】*Rosa banksiae*
【别名】木香花

【科属】蔷薇科，蔷薇属

【形态特征】常绿或落叶攀缘性灌木，无刺或刺少，木香的皮初为青色，后变褐色。奇数羽状复叶，互生，小叶 3 ～ 5 枚，光滑，卵状披针形，有细锯齿；托叶线性。伞形花序，花 3 ～ 15 朵，白色、黄色，具香气。蔷薇果，小球形，成熟后红色。变种有：白花木香、黄花木香、重瓣木香等。

【园林应用】喜光和温暖的小气候环境，不怕热，耐寒。4 ～ 5 月份开花，藤繁叶茂、花色鲜艳，适于庭园的前庭、窗外花架、花格、绿门等处垂直绿化。

4. 野蔷薇

【学名】*Rosa multiflora*

【别名】多花蔷薇，白残花，刺蘼，买笑

【科属】蔷薇科，蔷薇属

【形态特征】落叶攀援灌木，小枝圆柱形，有弯曲皮刺。奇数羽状复叶，小叶5～9，卵形，有尖锐单锯齿，下面有柔毛，叶柄托叶齿状。圆锥状花序，单瓣或重瓣，萼片披针形，花瓣白色、浅红色、桃红色、黄色等，宽倒卵形，先端微凹，基部楔形；花柱结合成束。变种有粉团蔷薇、七姊妹、白玉堂等。蔷薇果，近球形，红褐色。

【园林应用】喜光、耐半阴、耐寒，耐瘠薄，忌低洼积水。5～6月份开花，满枝灿烂，常用于花柱、花架、花门、绿篱、花墙、道路立交桥旁、山石边、溪畔、阳台、窗台等处绿化。

5. 叶子花

【学名】*Bougainvillea spectabilis*

【别名】三角梅，九重葛，贺春红，红包藤，四季红，毛宝巾

【科属】紫茉莉科，叶子花属

【形态特征】木质藤木，茎粗壮，枝下垂，有腋生刺。叶互生，纸质，卵状披针形，全缘，下面有柔毛。小花生枝端3个苞片内。苞片叶状，椭圆形，有紫色、黄色、红色等。瘦果有5棱。

【园林应用】喜光照温暖湿润气候，喜疏松肥沃的微酸性土壤，忌水涝，不耐寒。花期冬春季，北方温室栽培3～7月份开花，苞片色彩鲜艳如花，适宜园林、盆栽观赏，也是花架、绿篱、围墙攀缘的好材料。

（五）忍冬科

6. 金银花

【学名】*Lonicera japonica*

【别名】金银藤，忍冬，二苞花，鸳鸯藤，通灵草，忍冬藤

【科属】忍冬科，忍冬属

【形态特征】半常绿木质藤本，小枝中空外面生有短柔毛。叶对生卵形，全缘，长3～8cm。花生叶腋，花梗长，花冠两唇形，开始为白色稍带有紫晕，后变为黄色而带有紫斑，有芳香。浆果，球形，黑色。变种有：白金银花、红金银花、紫脉金银花、黄脉金银花、斑叶金银花等。

【园林应用】喜光，也能耐阴、耐寒、耐干旱，又耐水湿。花期4～9月份，夏季开出两种色彩的花，清香扑鼻，适于庭园花架、花篱、花墙、凉台、绿廊的垂直绿化，也是盆栽的好材料。

（六）葡萄科

7. 地锦

【学名】*Parthenocissus tricuspidata*

【别名】爬墙虎，美国爬山虎，五叶爬山虎，三叶地锦

【科属】葡萄科，爬墙虎属

【形态特征】落叶木质藤本，幼枝带紫红色，卷须与叶对生，枝上吸盘分叉多卷须。单叶互生，形状多变，老叶卵圆形3裂；幼叶深裂成掌状，先端尖，基部楔形，边缘有粗齿，背面脉上有柔毛。聚伞花序生于短枝，小花被5，黄绿色。浆果球形，熟时蓝黑色，有白粉。近似种有：小叶地锦、紫色地锦、五叶地锦等。

【园林应用】喜温暖气候，喜阴，耐寒，耐干旱。花期7～8月份，是庭园墙面、假山、老树干、地被等处绿化的好材料，特别是秋季橙红的叶色极为美观。

8. 常春藤

【学名】*Hedera nepalensis* var. *sinensis*

【别名】土鼓藤，钻天风，三角风，枫荷梨藤，洋常春藤

【科属】五加科，常春藤属

【形态特征】常绿攀缘藤本，或匍匐状，藤的长度可达30m，气根有攀缘特性。叶互生，革质，有光泽，常带乳白色花纹，营养技上的叶3～5裂；生殖枝上的叶为卵圆形或菱形，全缘。花序球状伞形，黄色。果实成熟时红色。变种有：洋常春藤，茎红褐色；金边常春藤；银边常春藤；白绿常春藤；箭叶常春藤等。观赏种有：中华常春藤，花淡黄色或淡绿白色，芳香；加那利常春藤，叶脉和叶背淡绿色。

【园林应用】喜温暖湿凉气候，耐寒力强，忌高温闷热环境，极耐阴。秋季开花，适于建筑的北向、大树之下、花墙、毛石墙面等处垂直绿化，也可盆栽装饰室内。

9. 扶芳藤

【学名】*Euonymus fortunei*
【别名】爬行卫矛

【科属】卫矛科，卫矛属

【形态特征】半常绿匍匐或攀援植物，枝上通常生长细根，并具有小瘤状突起。叶对生，广椭圆形，基部阔楔形，有细锯齿，革质，下面叶脉甚明显，叶柄短。聚伞花序腋生，花绿白色，近圆形。蒴果球形，种皮橘红色。

【园林应用】适应性很强，耐阴，怕涝，花期6～7月份，果期9～10月份，特别适宜护坡绿化，攀缘墙壁、岩石、树木等垂直绿化。

10. 络石

【学名】*Trachelospermum jasminoides*
【别名】石龙藤，万字花，万字茉莉，石花藤

【科属】夹竹桃科，络石属

【形态特征】常绿攀缘木质藤本，长达10m，植体有乳汁，气生根，茎褐色，幼枝有柔毛。叶革质，宽倒卵形，叶面中脉微凹，叶背中脉凸起，叶柄有腺体。圆锥状聚伞花序，花萼5裂；花冠筒状，裂片5，左旋，花白色，芳香。菁葖果。栽培品种：小叶络石、斑叶络石等。

【园林应用】喜阳光湿润环境，耐半阴，耐旱，耐暑热，忌严寒。花期3～7月份，果期7～12月份，匍匐性、攀爬性强，常作攀缘枯树、支架、山石，或作地被、盆栽观赏。

二、草质藤本
（十）旋花科

11. 牵牛花
【学名】*Pharbitis nil*
【别名】喇叭花，朝颜，大花牵牛

【科属】旋花科，牵牛属

【形态特征】一年生缠绕性草本，全株有毛。叶互生，卵状形，长8～15cm，三浅裂。花单生叶腋，喇叭形，有白、粉红、紫红、蓝紫等色。蒴果，种子黑色，扁三角形。品种较多有：裂叶牵牛，叶三裂，夏秋开花；小旋花，植体小而无毛，春夏开花；圆叶牵牛，叶心脏形不开裂。

【园林应用】喜阳光温暖湿润气候，能耐半阴，耐干旱瘠薄的土壤，不耐寒。6～10月份开花，常用于庭园花架、篱笆、花墙攀缘等垂直绿化。

12. 羽叶茑萝

【学名】*Quanoclit pennata*

【别名】游龙草，茑萝松，五角星花，狮子草

【科属】旋花科，茑萝属

【形态特征】一年生缠绕草花，藤细柔。叶为羽状分裂，小叶线形。花腋生，直立，花冠呈高脚蝴蝶状，有红色、白色、橙色等。蒴果卵形。栽培种有：圆叶茑萝，叶片卵形；槭叶茑萝，叶为掌状分裂，披针状，花大。

【园林应用】喜温暖阳光充足的环境，7～9月份开花，枝叶翠羽层层，娇嫩轻盈，适于庭院篱笆、矮墙的垂直绿化，可在花盆中借助支柱骨架创造各种艺术造型，别有情趣。

13. 月光花

【学名】*Calonyction aculeatum*

【别名】夜光花，夕颜，嫦娥奔月份，天茄儿

【科属】旋花科，月光花属

【形态特征】多年生蔓性缠绕草质藤本，茎长5～6m，全株有乳汁。叶互生，卵状心形有时三裂。聚伞花序腋生，2～7小朵，花冠高脚蝶状，白色，有芳香，夜间开放，早晨闭合。蒴果卵形。变种有：大月光花、异月光花、斑叶月份光花等。

【园林应用】喜温暖湿润环境，不耐严寒，7～10月份开花，具有晚上开花的特性，枝蔓生长旺盛，适于各种支架绿化造型，适合于盆栽点缀室内。

（十一）豆科

14. 香豌豆　【学名】*Lathyrus odoratus*

【科属】豆科，山黧豆属

【形态特征】一二年生缠绕蔓生草本，全株生有柔毛，茎有翅。羽状复叶，小叶卵圆形，卷须3叉。总状花序，花1～4朵，蝶形，有香味，花5瓣，有白、红、蓝、紫等色。荚果。品种有：宝石香豌豆、富翁香豌豆等。

【园林应用】喜温暖湿润凉爽的小气候，不耐炎热，稍耐阴,5～6月份开花，配置于庭园花架和各种造型的立体绿化。矮生种适于盆栽、配植花坛。

15. 观赏南瓜

【学名】*Cucurbita pepo* var.

【别名】看瓜，桃南瓜

【科属】葫芦科，南瓜属

【形态特征】一年生蔓生藤本，植株有粗糙毛，有分叉卷须。叶卵形，长20cm，有裂片，边缘有锐齿。雌雄异花单生，花冠黄色。瓠果实形状各异，色彩多变，有圆形、扁圆形、长圆形、卵形、钟形等；果皮有白、橙等色或有双色条纹，果肉味苦不可食。

【园林应用】喜温暖湿润向阳环境，不耐寒，忌炎热。7～8月份开花，果9月份成熟，花果形色具美，可供室内外垂直绿化观赏。

16. 观赏葫芦

【学名】*Lagenaria siceraria* var.

【别名】小葫芦，腰葫芦，小壶芦

【科属】葫芦科，葫芦属

【形态特征】一年生攀缘草本，蔓藤长可达10m，茎有软黏毛，有2叉卷须。叶片心状卵形，边缘有锯齿。花5瓣，白色，早晨开放，中午凋萎，雄花有长梗，比叶高。瓠果形状多样，果实中部细，下部大于上部，成熟后果皮木质，颜色变黄。

【园林应用】喜光向阳温暖湿润环境，不耐寒。7～9月份开花，10～11月份果实成熟，配置于庭园花架、篱笆、枯树之旁，别致的小葫芦，令人心悦。

（十三）百合科

17. 文竹

【学名】*Asparagus setaceus*（*A.plumosus*）
【别名】云片竹，芦笋山草

【科属】百合科，天门冬属

【形态特征】多年生草质藤本，茎蔓生，幼时直立，叶状枝线形，根部肉质。叶鳞片状，纤细簇生，绿色。小花顶生，白色。浆果熟后黑色。

【园林应用】喜温暖、湿润及阴凉环境，不耐旱，不耐寒，怕太阳直射。春季开花，枝叶繁茂婆娑，是盆栽和绿色艺术造型的观叶植物，也是制作切花、花篮、花束的重要材料。

第六章　水生花卉

水生花卉植株终年生长在水中。

一、睡莲科

1. 荷花

【学名】*Nelumbo nucifera*

【别名】莲，水芙蓉，水华，水芝

【科属】睡莲科，莲属

【形态特征】多年生水生花卉，根茎肥大圆柱形、有节，称为"藕"。叶形大，盾状圆形，叶面深绿色，背面浅绿色。花单生，两性，有单瓣、重瓣，花色有红、白、粉红等色，有清香，白天开放夜间合闭。果实椭圆形，又称之"莲子"。

【园林应用】喜阳光充足、水湿温暖的环境，喜肥沃富含有机质的土壤。6～8月份开花，花大色艳，夏季盛开，清香四溢，素有"出淤泥而不染"之美称，绿化、美化水面，或盆栽观赏别有情趣。

2. 睡莲

【学名】*Nymphaea tetragona*
【别名】子午莲，水浮莲

【科属】睡莲科，睡莲属

【形态特征】多年生水生花卉，根茎横生，肥大，长圆柱形，有节，根生于节下。叶从节上生出，浮于水面，叶柄细长，叶马蹄形，全缘，正面深绿色，背面带红色。花单生，有黄、红、白、粉红等色，上午开放，下午闭合。果卵形至半球形。

【园林应用】喜水湿、喜阳光充足环境，富含有机质肥沃土壤。花期6～10月份。花大色艳，叶色浓绿，是绿化、美化水面的优良花卉，也可盆栽布置庭园，别有情趣。

3. 王莲

【学名】*Victoria amazonica*

【别名】水玉米，亚马逊王莲

【科属】睡莲科，王莲属

【形态特征】水生有花植物。叶圆形，叶缘上翘呈盘状，直径2m左右，叶面光滑，绿色略带微红，有皱褶，背面紫红色，叶柄绿色，背面和叶柄有许多坚硬的刺。花大，单生，萼片4，三角形；花瓣倒卵形，雄蕊多数。浆果呈球形，种子黑色。品种有：克鲁兹王莲，株型小些，叶碧绿；亚马逊环形莲，株型较大。

【园林应用】喜高温高湿，不耐寒，喜深厚肥沃的泥土。夏秋季开花，巨大的盘叶和美丽浓香的花朵，是创造水体景观的优良材料。

4. 萍蓬草

【学名】*Nuphar pumilum*

【别名】黄金莲，萍蓬莲

【科属】睡莲科，萍蓬草属

【形态特征】多年水生草本，根状茎直径2～3cm。叶纸质，宽卵形或卵形，先端圆钝，基部弯缺心形，上面光亮，下面密生柔毛，叶柄有柔毛。花梗有白色柔毛；萼片黄色，矩圆形；花瓣黄色，红色，窄楔形，先端微凹；柱头盘状，10浅裂，淡黄色或带红色。浆果卵形，成熟时褐色。

【园林应用】性喜在温暖、湿润、阳光充足的环境，耐低温（0～5℃）。夏季开花，为观花、观叶植物，常用于池塘水景布置。

5. 芡实

【学名】*Euryale ferox*

【别名】鸡头米，卵菱，雁喙实，乌头，鸿头，刺莲蓬实，黄实

【科属】睡莲科，芡属

【形态特征】一年生大型水生草本。浮水叶革质，盾状椭圆形，全缘，叶脉的分枝处有刺，叶柄及花梗粗壮；沉水叶箭形，叶柄无刺。花的长度约5cm；萼片披针形，内面紫色，外有硬刺；花瓣披针形，紫红色，数轮排列，向内渐变成雄蕊；有柱头盘。浆果球形，紫红色，外面密生硬刺。

【园林应用】适宜池塘、湖沼中生长，7～8月份开花，为观叶和观花植物，适宜与荷花、睡莲、香蒲等配植水景。

二、雨久花科

6. 凤眼莲

【学名】*Eichhornia crassipes*

【别名】水葫芦，水浮莲，革命花，水风信子

【科属】雨久花科，凤眼莲属

【形态特征】多年生水生草本，根深于泥中，植株直立，漂浮于水面。叶丛生，卵形至椭圆形，有光泽，叶柄基部膨大呈葫芦形，内部海绵状。穗状花序，小花6～12朵，蓝紫色。蒴果，卵形。

【园林应用】喜阳光充足、温暖及富有机质的静水面，不耐寒。7～9月份开花，果期8～11月份，花色艳丽，叶形奇特，是绿化水面的好材料，花、叶均可切花供观赏。

7. 雨久花

【学名】*Monochoria korsakowii*
【别名】浮蔷，蓝花菜，蓝鸟花

【科属】雨久花科，雨久花属

【形态特征】一年生，根状茎粗壮，具柔软须根，茎直立，高30～70cm。基生叶宽卵状心形，顶端急尖，基部心形，全缘，具多数弧状脉，叶柄有时膨大成囊状。圆锥状总状花序，顶生，小花10余朵，花梗5～10mm；花被片椭圆形，顶端圆钝，蓝色，雄蕊6。蒴果长卵圆形，有纵棱。

【园林应用】喜阳光、温暖环境，稍耐阴、耐寒，多生于沼泽地和水边。花期7～8月份，花大而美丽，叶色翠绿，适宜成片种植池边、水边。

三、龙胆科

8. 荇菜

【学名】*Nymphoides peltata*

【别名】荇菜，接余，凫葵，水镜草，余莲儿，水荷叶

【科属】龙胆科，荇菜属

【形态特征】多年生水生草本，茎圆柱形，多分枝，密生褐色斑点，节下生根。叶片飘浮，近革质，卵圆形，基部心形，全缘，下面紫褐色，密生腺体，粗糙，上面光滑；叶柄基部变宽，半抱茎。花簇生节上，花梗圆柱形；花冠金黄色，深裂到基部，冠筒短，喉有柔毛，具不整齐的细条裂。蒴果无柄，椭圆形。

【园林应用】适应性很强，耐寒又耐热，喜静水，花果期4～10月份，叶形似缩小的睡莲，小黄花艳丽，装点水面很美。

四、莎草科

9. 水葱

【学名】*Scirpus validus*

【别名】苻蓠，莞蒲，葱蒲，莞草，蒲苹，水丈葱，冲天草

【科属】莎草科，蔍草属

【形态特征】多年生水草，匍匐根状茎，秆单生，内部海绵状，高1.5m，基部有叶鞘，鞘管状，膜质。叶片线形，苞片1枚，为秆的延长，直立，钻状。聚伞花序顶生，小穗卵形，生于辐射枝顶端，具多数花。小坚果椭圆形，红棕色，有倒刺。变种有：花叶水葱等。

【园林应用】喜浅水、凉爽环境，耐寒，花果期6～9月份，株形奇趣，株丛挺立，富有特别的韵味，常用于水边、池旁绿化，也可盆栽、插花，又能净化水质。

五、鸢尾科

10. 水生鸢尾

【学名】*Iris* sp.

【别名】紫蝴蝶，蓝蝴蝶，乌鸢，扁竹花

【科属】鸢尾科，鸢尾属

【形态特征】多年生常绿草本，根状茎横生肉质状。叶带状，厚革质，基生密集，宽约2cm，长40～60cm，平行脉，两行排列。花葶直立，高出叶丛，花被片6，有紫红、大红、粉红、深蓝、白等色。不结子。杂交近似种，有：六角果鸢尾、高大鸢尾、短茎鸢尾等。

【园林应用】喜光照充足的环境，耐寒，不耐高温，5月份份开花，适宜作水上、湿地花境。

六、竹芋科

11. 再力花

【学名】 *Thalia dealbata*

【别名】水竹芋，水莲蕉，塔利亚

【科属】竹芋科，再力花属

【形态特征】多年生挺水草本植物，高2m，具块状根茎。叶基生，长卵形，先端突出，叶柄极长，硬纸质，浅灰绿色，边缘紫色，全缘。复穗状花序，总花梗细长，常高出叶面，总苞片多数；小花冠筒短柱状，淡紫色，唇瓣兜形，上部暗紫色，下部淡紫色。蒴果，圆球形。

【园林应用】喜温暖水湿、阳光充足环境，不耐寒冷和干旱，耐半阴，4～11月份开花，株形美观洒脱，可成片布置水池或湿地供观赏，还有净化水质的作用。

七、菱科

12. 欧菱

【学名】*Trapa natans*
【别名】芰，水菱，风菱，乌菱，菱角，菱实

【科属】菱科，菱属

【形态特征】多年生漂浮草本植物，茎圆柱形、细长或粗短。叶菱形，光滑，有小锯齿，浮水叶互生，聚生于茎端，在水面形成莲座状菱盘，叶柄中部膨大，海绵质，表面有绒毛。花单生叶腋，白色、粉红色。果革质，有两角、三角、四角等。

【园林应用】喜温暖阳光充足环境，不耐寒，适宜生长于温带气候湿泥地中，6～7月份开花，夜里开放，白天而合。叶片镶嵌排列整齐，成片密集浮于水面，可创造美丽的水面图案景观，还可净化水质。

八、香蒲科

13. 香蒲

【学名】*Typha orientalis*
【别名】东方香蒲，水蜡烛

【科属】香蒲科，香蒲属

【形态特征】多年生水生或沼生草本，根状茎白色，地上茎粗壮，高1m。叶片条形，上部扁平，下部腹面微凹，背面凸，海绵状，叶鞘抱茎。蜡烛状穗状花序，雌雄花序紧密连接。小坚果椭圆形。

【园林应用】喜高温多湿气候，耐寒。5～8月份开花，根系发达，常用于湿地公园、水边绿化，还有净化水质作用。

九、天南星科

14. 菖蒲

【学名】*Acorus calamus*

【别名】泥菖蒲，香蒲，野菖蒲，臭菖蒲，山菖蒲，白菖蒲，剑菖蒲，大菖蒲

【科属】天南星科，菖蒲属

【形态特征】多年生草本植物，根茎横走，分枝稍扁，外皮黄褐色，芳香。叶基生，叶片剑状线形，边缘膜质，绿色光亮，基部宽，无叶柄。肉穗花序，狭圆柱形，花黄绿色，花序柄三棱形，长40cm，叶状佛焰苞剑状线形。浆果长圆形，红色。变种有花叶型等。

【园林应用】喜水湿、冷凉气候，喜阴湿环境，耐阴，耐寒，忌干旱。6～9月份开花，叶丛翠绿，具有香气，适宜在水体岸边营造绿色水景、临水假山绿化，也是盆栽、插花的好材料。

348

拉 丁 名 索 引